涡轮机械与推进系统出版项目
航空发动机技术出版工程

航空发动机组合压气机设计

温　泉　邹学奇　贺　象　史善广　等 编著

科　学　出　版　社
北　京

内 容 简 介

本书从产品研发角度介绍航空发动机组合压气机设计,具有比较强的针对性。本书内容涉及航空发动机组合压气机设计的主要环节,包括设计要求与分析、气动设计、结构设计、热分析、强度设计、试验验证与典型故障介绍等。本书旨在通过对组合压气机设计方法及设计流程的介绍,使读者对组合压气机的设计有一个系统的概念,有利于从事航空发动机组合压气机研发的相关人员更好地开展工作。

本书不仅能对具备一定压气机设计基础知识的技术和管理人员提供帮助,也可以作为航空院校相关专业教师和研究生的参考资料。

图书在版编目(CIP)数据

航空发动机组合压气机设计/温泉等编著. —北京:科学出版社,2022.12
航空发动机技术出版工程 国家出版基金项目 涡轮机械与推进系统出版项目
ISBN 978-7-03-074389-3

Ⅰ. ①航… Ⅱ. ①温… Ⅲ. ①航空发动机-压缩机-设计 Ⅳ. ①V233.6

中国版本图书馆 CIP 数据核字(2022)第 246411 号

责任编辑:徐杨峰 / 责任校对:谭宏宇
责任印制:黄晓鸣 / 封面设计:殷 靓

科学出版社 出版
北京东黄城根北街 16 号
邮政编码:100717
http://www.sciencep.com
南京展望文化发展有限公司排版
广东虎彩云印刷有限公司印刷
科学出版社发行 各地新华书店经销

*

2022 年 12 月第 一 版 开本:B5(720×1000)
2025 年 10 月第七次印刷 印张:11 3/4
字数:228 000
定价:100.00 元
(如有印装质量问题,我社负责调换)

涡轮机械与推进系统出版项目
顾问委员会

主任委员
张彦仲

委 员
（以姓名笔画为序）

尹泽勇　乐嘉陵　朱　荻　刘大响　杜善义
李应红　张　泽　张立同　张彦仲　陈十一
陈懋章　闻雪友　宣益民　徐建中

航空发动机技术出版工程
专家委员会

航空发动机组合压气机设计
编写委员会

涡轮机械与推进系统出版项目

序

涡轮机械与推进系统涉及航空发动机、航天推进系统、燃气轮机等高端装备。其中每一种装备技术的突破都令国人激动、振奋,但是由于技术上的鸿沟,使得国人一直为之魂牵梦绕。对于所有从事该领域的工作者,如何跨越技术鸿沟,这是历史赋予的使命和挑战。

动力系统作为航空、航天、舰船和能源工业的"心脏",是一个国家科技、工业和国防实力的重要标志。我国也从最初的跟随仿制,向着独立设计制造发展。其中有些技术已与国外先进水平相当,但由于受到基础研究和条件等种种限制,在某些领域与世界先进水平仍有一定的差距。在此背景下,出版一套反映国际先进水平、体现国内最新研究成果的丛书,既切合国家发展战略,又有益于我国涡轮机械与推进系统基础研究和学术水平的提升。"涡轮机械与推进系统出版项目"主要涉及航空发动机、航天推进系统、燃气轮机以及相应的基础研究。图书种类分为专著、译著、教材和工具书等,内容包括领域内专家目前所应用的理论方法和取得的技术成果,也包括来自一线设计人员的实践成果。

"涡轮机械与推进系统出版项目"分为四个方向:航空发动机技术、航天推进技术、燃气轮机技术和基础研究。出版项目分别由科学出版社和浙江大学出版社出版。

出版项目凝结了国内外该领域科研与教学人员的智慧和成果,具有较强的系统性、实用性、前沿性,既可作为实际工作的指导用书,也可作为相关专业人员的参考用书。希望出版项目能够促进该领域的人才培养和技术发展,特别是为航空发动机及燃气轮机的研究提供借鉴。

张彦仲

2019 年 3 月

航空发动机技术出版工程

序

  航空发动机被誉称为工业皇冠之明珠,实乃科技强国之重器。

  几十年来,我国航空发动机技术、产品及产业经历了从无到有、从小到大的艰难发展历程,取得了显著成绩。在世界新一轮科技革命、产业变革同我国转变发展方式的历史交汇期,国家决策进一步大力加强航空发动机事业发展,产学研用各界无不为之振奋。

  迄今,科学出版社于2019年、2024年两次申请国家出版基金,安排了"航空发动机技术出版工程",确为明智之举。

  本出版工程旨在总结、推广近期及之前工作中工程、科研、教学的优秀成果,侧重于满足航空发动机工程技术人员的需求,尤其是从学生到工程师过渡阶段的需求,借此也为扩大我国航空发动机卓越工程师队伍略尽绵力。本出版工程包括设计、试验、基础与综合、前沿技术、制造、运营及服务保障六个系列,2019年启动的前三个系列近五十册任务已完成;后三个系列近三十册任务则于2024年启动。对于本出版工程,各级领导十分关注,专家委员会不时指导,编委会成员尽心尽力,出版社诸君敬业把关,各位作者更是日无暇晷、研教著述。同道中人共同努力,方使本出版工程得以顺利开展、如期完成。

  希望本出版工程对我国航空发动机自主创新发展有所裨益。受能力及时间所限,当有疏误,恭请斧正。

2024年10月修订

前　言

　　航空发动机是为航空飞行器提供动力的高度复杂和精密的热力机械,被喻为飞机的"心脏",其中涡轴发动机广泛应用于直升机动力系统,几乎涵盖所有起飞吨位等级的直升机。涡轴发动机压气机通常采用轴流-离心组合压气机,这主要是因为组合压气机兼顾了轴流压气机流量大、效率高,以及离心压气机单级压比高两方面的优点,具有相对较高的压比和效率水平。

　　随着航空技术的发展,军民两大市场对直升机提出了更多功能需求以及更高的技术要求。因此,直升机对涡轴发动机的性能也提出了更严苛的要求,涡轴发动机向着低油耗、低成本、高推重比和高可靠性发展,进而也对三大部件之一的压气机提出了更高的指标:更轻的重量、更大的裕度、更高的压比和效率。

　　本书基于研发体系介绍组合压气机的设计,具有比较强的针对性。本书涉及组合压气机设计的各个方面,包括设计要求与分析、气动设计、结构设计、热分析、强度设计、试验验证与典型故障介绍等。本书旨在通过对组合压气机设计方法及设计流程的介绍,使读者对组合压气机的设计有一个系统的概念,对从事航空发动机组合压气机设计的技术人员提供帮助。

　　全书共分为8章。第1章从宏观上简要介绍了什么是组合压气机、为什么采用组合压气机、如何设计组合压气机以及组合压气机气动设计、结构设计要求。第2章详细介绍了压气机的气动设计过程,主要包含平均参数设计及分析、S2流面设计、叶片造型设计、三维数值计算分析和气动扩稳设计等。第3章主要介绍了组合压气机结构设计过程,主要包括结构布局设计、转子结构设计、静子结构设计、零件选材、结构设计分析等。第4章介绍了组合压气机热分析方法,包括热分析的基本原理和热分析的方法,以及工程界典型组合压气机部件热分析过程。第5章介绍组合压气机强度设计,包括强度设计准则和设计流程,静强度设计、振动分析、寿命分析和刚度评估等。第6章主要介绍组合压气机气动性能试验和结构强度试验两方面的试验验证。第7章主要介绍组合压气机研制过程中因设计原因出现的典型故障、故障原因分析及排故措施。第8章主要介绍组合压气机先进气动设计技术、先进结构设计技术及未来发展趋势。

　　本书是在中国航发动研所一线压气机设计人员的共同帮助下完成的。第1章主要编写人员为温泉、邹学奇、王国文、黄建等;第2章主要编写人员为温泉、邹学奇、黄生勤、贺象、余佳、朱玲、杨晶晶、杨元英、陈璇、稂仿玉、安志强、张鹏、刘西武等;第3章主要编写人员为史善广、王国文、吴才广、卢伟、邵春雷、朱银方、景晓明、周威、贺飞、朱莹、熊良军等;第4章主要编写人员为董伟林、吴仕钰等;第5章主要编写人员为米栋、张志俏等;第6章主要编写人员为贺象、毛发金、徐国华、朱银方等;第7章主要编写人员为查小晖、王国文、简卫斌等;第8章主要编写人员为张鹏、吴才广、陈璇、谢建等。全书由温泉和邹学奇协调统稿。本书编写过程中,清华大学季路成教授,西北工业大学高丽敏教授,中国航发动研所银越千、袁巍、石林、邹国凡、王涛、张锦纶、杨元英、贺飞等专家,均对书中内容提出了宝贵意见。此外,还有不少设计员为本书提供了部分参考资料,本书不再一一列出。在此,对参与本书编写的设计人员和对本书提供过帮助的专家和学者一并致以诚挚的谢意。

　　本书涉及专业面广,由于作者知识水平有限,书中难免存在疏漏和不足之处,恳请各位学者、专家和读者批评、指正。本书部分图片来源于公开文献和资料,无法追溯原始出处,故未能一一注明,敬请谅解。

作者

2022 年 3 月

目 录

第1章　绪　　论

第2章　组合压气机气动设计

第3章 组合压气机结构设计

第4章 组合压气机热分析

第5章 组合压气机强度设计

第6章 组合压气机试验验证

第7章　组合压气机典型故障及分析

第8章　组合压气机未来发展

第1章
绪　论

　　涡轴发动机是燃气发生器中产生的燃气通过动力涡轮驱动转轴,从而输出轴功率的燃气涡轮发动机。从 20 世纪 40 年代美国成功研制出世界上第一台涡轴发动机 T50 开始,涡轴发动机不断改进创新、更新换代,迄今已有四代投入使用。

　　第一代,20 世纪 50~60 年代,以 T58 - GE - 10 和宁巴斯发动机为代表;第二代,20 世纪 60 年代末到 70 年代,以美国艾里逊(Allison)公司的 T63 - A - 720 涡轴发动机为代表;第三代,20 世纪 80 年代,以美国通用电气(General Electric,GE)公司的 T700 - GE - 701A、法国透博梅卡(Turbomeca)公司的 TM333、英国罗尔斯-罗伊斯(Rolls - Royce,R - R)公司和法国透博梅卡公司联合研制的 RTM322 等发动机为代表;第四代,20 世纪 90 年代,以德国 MTU 公司、法国透博梅卡公司及英国 R - R 公司联合推出的 MTR390 发动机以及美国艾里逊公司和盖瑞特(Garrett)公司联合推出的 T800 - LHT - 800 等发动机为代表;第五代正在研制之中。典型涡轴发动机图片见图 1.1。

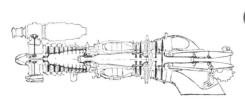

(a) TB2-117发动机

(b) TB3-117发动机

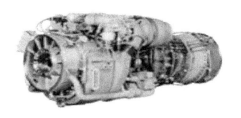

(c) T700发动机

(d) RTM322发动机

(e) T800发动机   (f) MTR390发动机

图 1.1 典型涡轴发动机图片

表1.1列出了国外各代典型涡轴发动机压气机的结构形式,从表中可以看出目前处于生产和使用高峰的第三代发动机均采用了轴流加离心的组合式压气机。

表 1.1 各代典型涡轴发动机压气机结构形式

序 号	代 数	型 号	压气机结构形式
1	第一代	T-58	10 级轴流
2		Artrust Ⅱ	1 级轴流+1 级离心
3		TB2-117A	10 级轴流
4	第二代	T64-GE	14 级轴流
5		Arriel	1 级轴流+1 级离心
6		TB3-117	12 级轴流
7	第三代	T700-GE	5 级轴流+1 级离心
8		Makila	3 级轴流+1 级离心
9		RTM-322	3 级轴流+1 级离心
10	第四代	T800-LHT-800	2 级离心
11		MTR390	2 级离心
12		TV7-117SM	5 级轴流+1 级离心
13		T408	5 级轴流+1 级离心

国内在轴流离心压气机的设计和试验研究方面,早已走过了设计、加工、试验、完善设计的全过程,积累了丰富的研制经验,形成了一整套组合压气机研发体系,

且具备进行各流量量级的轴流离心组合压气机试验和测试条件。其中国内比较有代表性的是中国航发湖南动力机械研究所自主设计的第三代"玉龙"系列涡轴发动机,其采用了轴流加离心的组合式压气机。

本章将对组合压气机的结构形式、中小型涡轴发动机采用组合压气机的原因、组合压气机如何设计以及组合压气机设计的要求等内容进行宏观介绍。

1.1　组合压气机简介

压气机是叶轮机械的一个分支,在燃气涡轮发动机中则是三大核心部件之一,其基本功能是在运行与起动包线内及其他联合限制的条件下为燃烧室及其他发动机部件提供一定压力的气流,令它们能够稳定可靠地工作,不得喘振。

按空气流动形式,压气机分为轴流压气机、离心压气机和斜流压气机。在大型航空发动机中主要采用的是轴流压气机,而在中小型航空发动机中,则有单级离心压气机、双级离心压气机、轴流-离心组合压气机或斜流-离心组合压气机等多种结构形式,见图 1.2。本书所指的组合压气机是指轴流与离心的组合式压气机,而且是单轴结构的组合压气机。

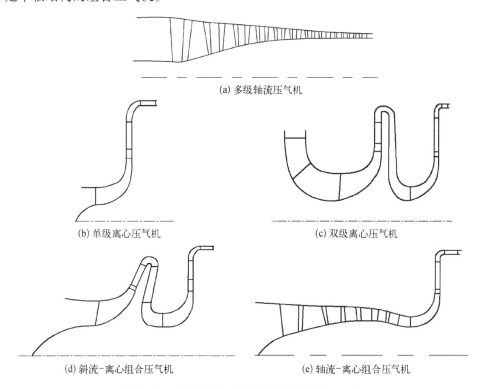

(a) 多级轴流压气机

(b) 单级离心压气机

(c) 双级离心压气机

(d) 斜流-离心组合压气机

(e) 轴流-离心组合压气机

图 1.2　航空发动机中常见的压气机结构形式

1.2　采用组合压气机的原因

通常,轴流压气机适宜作为大流量航空发动机的压气机部件,单级压比低,但效率高;离心压气机适宜作为中小流量航空发动机的压气机部件,其单级压比高,但效率偏低。轴流-离心组合压气机兼顾了两者的优点,具有相对较高的压比和效率水平。

压气机设计点进、出口换算流量之间的关系既包含了压气机主要设计指标的综合影响,也间接反映了其尺寸的大小以及可能的尺寸效应。由于尺寸效应的影响,以及轴流级和离心级对叶尖间隙敏感性的差异,通常根据压气机出口换算流量大小或进口换算流量和压比大小,可以大致确定不同压气机结构布局的适用范围,如图 1.3 和图 1.4 所示。压气机基本级的结构形式一般根据比转速确定,见图 1.5 和图 1.6。

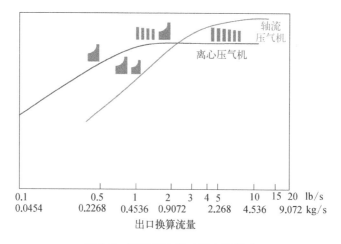

图 1.3　压气机流量对效率的影响

同时,压气机设计点进、出口换算流量取决于发动机的循环参数的选择,决定了压气机流道几何及叶尖相对间隙的大小量级,因而,涡轴发动机的功率等级也可大致反映出压气机的结构布局特点和趋势。从统计上看,如图 1.7 所示,对于 750 kW 级以下的涡轴发动机,压气机构型经历了从轴流+离心,到轴流+离心与单级离心并存的发展过程,尤其是 500 kW 级以下更加普遍地采用单级离心压气机;对于 750~1 500 kW 级,经历了从多级轴流到轴流+离心,再到轴流+离心与双级离心并存的发展过程;对于 1 500 kW 级以上,经历了从多级轴流到轴流+离心的发展过程;总体来看,在各功率等级下,压气机均朝着结构紧凑化方向发展,级数越来越少。

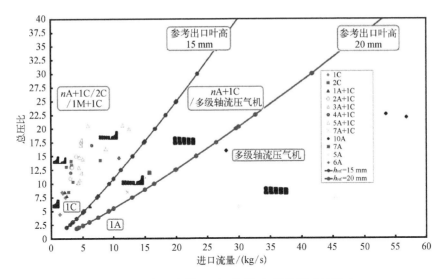

图 1.4　压气机流量、压比对压气机结构形式的影响

n 表示级数；A 表示轴流；C 表示离心；M 表示斜流；h_{ref} 表示参考出口叶高

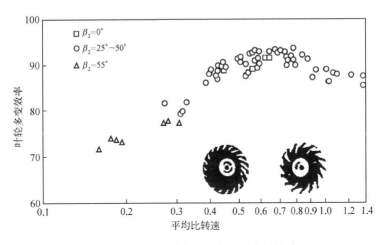

图 1.5　比转速对离心压气机效率的影响

航空发动机的研制是一项复杂的系统工程，其具有内在的规律性：统筹策划的系统性、自主研发的正向性、专业学科的综合性、技术应用的成熟性、方案优化的迭代性、过程管控的科学性。压气机作为发动机的核心部件，其设计必须服从发动机整机设计的内在规律。发动机是否采用组合压气机结构形式，需根据发动机用途及功率或推力等级、整机的经济性和可靠性、发动机对压气机部件性能参数和结构的具体要求、技术继承性、产品改进改型发展空间、目前的软硬件条件等因素进行综合论证。如果采用组合压气机结构形式，则一定是从发动机整机角度综合权衡的一种最优选择，而不能是基于设计者个人经验和片面认识的一种选择。

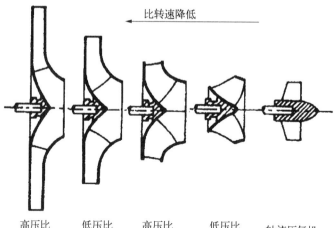

比转速降低

| 高压比 | 低压比 | 高压比 | 低压比 | 轴流压气机 |
| 离心压气机 | 离心压气机 | 斜流压气机 | 斜流压气机 | |

图 1.6   比转速对压气机基本级结构形式的影响

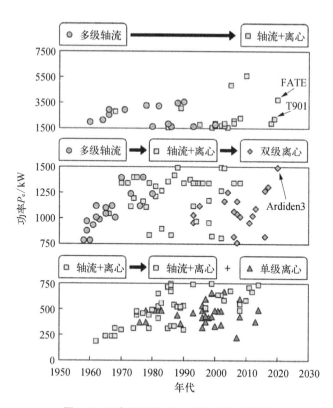

图 1.7   压气机结构形式变化趋势示意图

1.3　组合压气机如何设计

从产品角度来看,组合压气机作为中小流量航空发动机的重要组成部分,必须遵循产品全寿命周期阶段划分的相关规定。例如,军用产品分为论证阶段、方案阶段、工程研制阶段、状态鉴定阶段、列装定型阶段、批量生产阶段、使用保障阶段七个阶段;民用产品划分为需求分析和定义阶段、概念设计阶段、初步设计阶段、详细设计阶段、试制与验证阶段、生产与服务阶段六个阶段。从产品设计角度来看,组合压气机设计过程分为需求分析和定义、方案论证、方案设计、详细设计、工程设计和试验验证等几个阶段。从专业学科角度来看,组合压气机设计包括气动设计、结构设计、热分析、强度设计、试验验证等多个环节,需要特别说明的是,本书主要从专业学科角度描述组合压气机的设计过程。

设计过程中需要接受和通过相关的技术审查与决策审查,以确保所有需求已被正确定义、设计满足需求且全部得到验证。决策审查主要由决策层根据产品研制团队提交的项目的技术、费用及进度评估结果及识别的风险,作出“继续、终止或申请调整”的决策,实施对项目的管控,避免人力、物力的浪费,或获取外部投资方或客户方的进度、经费调整的支持。

后续各章将从气动设计、结构设计、热分析、强度设计、试验验证等几个方面对组合压气机设计进行较详细的介绍。

1.4　组合压气机设计要求

压气机作为航空发动机系统的重要组成部分,其设计的目的是实现本身一系列的功能,同时在符合一定约束下满足质量、可靠性、可维护性等非功能性需求;为满足压气机功能与非功能的需求,在压气机设计初期需要将客户原始需求系统全面地分解成压气机气动设计要求、结构设计要求等,并贯穿到压气机设计各环节中,通过仿真、试验等手段逐步验证,最终实现从设计要求捕获到向客户交付符合要求产品的闭环管控。

本节重点从气动、结构两个方面阐述发动机对组合压气机部件的一些通用基本设计要求。

1.4.1　气动设计要求

组合压气机气动设计要求主要包括稳态性能要求、稳定性要求、轴向力载荷要求、叶尖间隙要求、扩稳设计要求等,具体如下。

组合压气机稳态性能要求主要包括:在参考工作点折合流量条件下应满足海

平面静态、标准天条件下慢车、最大连续、最大起飞、单发失效等飞行条件点的要求;压气机效率、压比、流量应考虑制造分散度带来的影响,以免影响其他部件和整机性能;压气机设计必须考虑性能衰减,在整个寿命期内,发动机任何状态下压气机的流量、压比、效率等指标在性能衰减后不能低于指定值。

组合压气机稳定性要求主要包括:在标准天、海平面、静态下,压气机喘振裕度应大于发动机各工作状态规定的最小值;在喘振边界及进气畸变影响下,压气机性能恶化不能超过规定值。压气机喘振裕度的定义如图 1.8 所示。对于每个等转速线,压气机喘振裕度由式(1.1)计算:

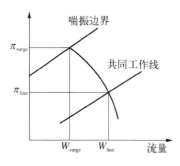

图 1.8 压气机喘振裕度的定义

$$SM = \left(\frac{\pi_{surge}}{\pi_{line}} \times \frac{W_{line}}{W_{surge}} - 1 \right) \times 100\% \qquad (1.1)$$

组合压气机轴向力载荷主要组成如下:吸力面与压力面气压差对转子叶片产生的轴向力,气体对转子轮毂产生的轴向力,离心叶轮后背腔、前轴承腔等腔室气体产生的轴向力,前轴承腔气体产生的轴向力,气体进出口速度差动量改变产生的轴向力。组合压气机轴向力应满足燃气发生器转子支承系统对轴向载荷的限制条件,即压气机承受轴向载荷的支承轴承所受载荷应在其长期工作许用值范围内。

组合压气机叶尖间隙设计需均衡气动及结构设计需求,主要要求包括:在发动机所有工作状态,压气机叶尖工作间隙不得大于限制值,以免压气机性能出现不可接受的衰减;同时,在发动机所有工作状态,压气机叶尖间隙必须避免叶尖磨损而引起的不可接受的性能和结构恶化;压气机叶尖间隙设计要考虑一定的保护措施,通常要求压气机叶片对应的静子流道件设计有可磨耗的涂层,如没有涂层,则设计时必须避免任何工况下的叶尖刮磨。

组合压气机还应开展扩稳设计,确保压气机在非设计点工作时拥有充足的喘振裕度。常用的扩稳设计手段有前面级静子叶片可调、级间放气、处理机匣等。

1.4.2 结构设计要求

结构是指航空发动机中的构件以及由众多构件通过界面配合、连接所形成的组件、部件以及整机的总称,是发动机设计技术的载体和具体体现。结构设计则是实现发动机结构、保证发动机功能和可靠运行的活动,设计过程中需要权衡考虑部件和整机性能需求、生产制造能力、考核验证方法、采购和维护成本等因素。

压气机结构设计基本要求主要包括:满足性能设计所提出的各项要求,如通道面积、叶片级数、叶片型面及安装角等;控制叶尖间隙变化,保证所设计的压气机在设计状态下工作效率高;采取适当的防喘措施,保证压气机宽广的稳定工作范围;结构简单、尺寸小、质量轻,具有良好的结构刚性和转静子变形协调性,以保证间隙;装配维修方便,制造成本低;满足强度、振动及变形要求,主要零件寿命长;能在较长时间内保持初装时的性能,即性能衰减率小。在上述基本要求下,可按照总体、气动、结构强度、通用质量特性等对设计要求进行细化,具体如下。

发动机总体对组合压气机结构设计要求主要包括:由发动机总体结构布局设计所确定的组合压气机外形轮廓尺寸、部件重量等设计指标及要求,单元体划分及装拆顺序要求;发动机各部件之间接口要求,以及组合压气机与空气系统、传动系统、滑油系统、控制系统、测试系统等界面接口要求;组合压气机转子几何构形和支点布局,转子轴向力传递路线及轴向力补偿措施要求;组合压气机防冰、检查维护等其他功能需求。

压气机气动性能专业对组合压气机结构设计要求主要包括:组合压气机流路尺寸、设计转速、转子旋转方向、各级叶片数、叶片叶型、扩稳设计等要求,以及转子叶片叶尖径向间隙要求(热态值),叶片型面的粗糙度与轮廓度要求等。

结构强度对组合压气机的结构设计要求主要包括:组合压气机零组件应符合相关规范,具有足够的强度储备、在工作范围内所有转速下无有害共振、满足循环谱规定的冷端部件循环次数要求;组合压气机机匣应具备足够的包容性;组合压气机转子应随发动机转子单元体(总体专业负责)开展转子动力特性评估,满足相关规范要求;组合压气机的刚度/变形设计应满足发动机设计的基本要求,即在发动机型号规范所规定的外部作用力条件下应能满意地工作,且不产生有害变形。

组合压气机在结构设计时,还需考虑生产制造和装配技术能力,选择成熟、经济性好、工艺性好的材料,满足"六性"、防错设计、标准化等通用质量特性要求,以及满足适航要求。

第2章
组合压气机气动设计

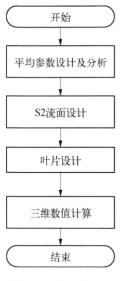

开始

↓

平均参数设计及分析

↓

S2流面设计

↓

叶片设计

↓

三维数值计算

↓

结束

图 2.1　压气机气动设计流程

组合压气机气动设计过程大致可分为四个密切相关的步骤,即平均参数设计及分析、S2 流面设计、叶片设计、三维数值计算。这四个步骤环环相扣,每个阶段采用不同层次的数学物理模型和经验数据,相互补充,相互交叉检验,最终将设计风险降到最小。压气机气动设计基本过程如下:首先,分析论证总体对压气机部件性能指标要求,对压气机进行平均参数设计及分析,完成压气机一维设计,获得压气机基本流道;根据一维设计结果,完成展向参数分配,对压气机进行 S2 流面设计;然后,选择适当攻角、落后角,结合 S2 计算结果,利用造型软件,完成叶片设计;最后,利用数值仿真软件,完成压气机三维数值计算,获得压气机内部详细三维流场,进而分析压气机流动参数分布及复杂流动的合理性。这样,就完成了一轮压气机的气动设计过程,如图 2.1 所示。同时,在一个气动方案的设计过程中,还需要综合考虑气动稳定性、压气机轴向力的大小及间隙的选取。下面对各设计步骤进行详细介绍。

2.1　平均参数设计

组合压气机平均参数设计(也可称作一维反问题)是在给定压气机总压比、流量、转速以及流道特征尺寸的前提下进行压气机平均气动参数选取和分析过程,得到压气机典型气动参数(流量系数、负荷系数、马赫数、反力度等参数)沿中径截面在不同级中的分布,再根据各级的特征参数初步判断压气机方案的可行性,同时也为下一步 S2 流面的设计提供输入。平均参数设计完成后,初步得到压气机的流道及各级中径截面的叶型,此时可以在中径截面完成压气机平均参数的分析计算(称作一维正问题),可得到压气机的特性线,初步评估压气机的气动性能及非设计转

速的喘振裕度等。平均参数设计及分析是压气机气动设计的基石,它直接决定着
压气机气动方案的性能上限。

2.1.1 平均参数设计原理

平均参数设计是基于一维、定常、无黏、壁面绝热、理想气体等假设通过三个
基本方程进行的。基本方程包括:① 连续方程,如式(2.1)所示,对于压气机的
不同截面 1-1 或 2-2 其流量保持相等;② 能量方程,如式(2.2)所示,C 为气流
的速度;h 为单位质量气流的焓;下标 1 和 2 代表进出口截面;L_u 为机械功的交
换,在压气机中其定义如式(2.3)所示,
其中 L_u 正负号代表能量的方向;③ 理想
气体方程如式(2.4)所示。平均参数设
计的计算,一般在平均流线处进行,并基
于一维流动假设,不考虑气动参数沿径
向的变化。平均流线是在压气机子午流
面上指定的一条特殊流线,该流线的半
径定义一般如式(2.5)所示,图 2.2 给
出了压气机导叶及某一级中的平均流线
示意。

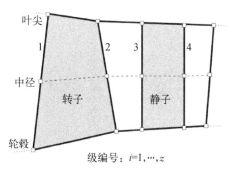

图 2.2 平均流线定义

$$\rho_1 C_{1a} A_1 = \rho_2 C_{2a} A_2 \tag{2.1}$$

$$\pm L_u = h_2 - h_1 + \frac{C_2^2 - C_1^2}{2} \tag{2.2}$$

其中,

$$L_u = C_{2U} U_2 - C_{1U} U_1 \tag{2.3}$$

$$p = \rho R T \tag{2.4}$$

$$R_m = \sqrt{\frac{R_t^2 + R_h^2}{2}} \tag{2.5}$$

平均流线与各排叶片前后缘的交点定义为一维流动的计算点,也称计算站。
其计算方向为沿流向单向推进,即在给定进口条件的情况下,沿轴向分别计算各级
(排)叶片出口参数,以此推进计算,最终通过叠加得到整个压气机性能与气动布
局参数。可以将动叶和静叶组成的压气机级作为组合压气机平均参数设计的基本
循环单元,平均参数设计流程如图 2.3 所示。

在平均参数设计时需给定每一级中转子的进出口轴向速度、进出口外径、每一
级的负荷、反力度,还需给定进口的总温、总压、气流角及转速等相关参数。详细的

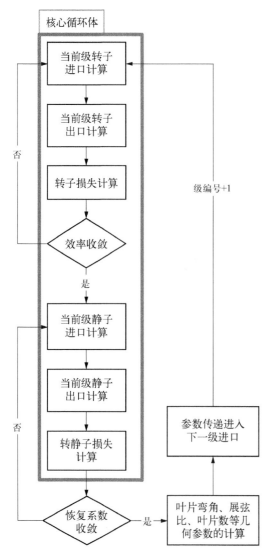

图 2.3　平均参数设计流程图

计算流程如下。

1. 转子进口计算

根据总温求得总焓,由轴向速度和进口气流角可以得到全速度 $C_1 = C_{1a}/\sin \alpha_1$,因此可求得静焓 $h = H - C^2/2$,从而求出静温 T,根据总温总压与静温静压的关系可求出静压,进而求得静密度,然后根据 $F = G/(\rho C_{1a})$ 求得面积,最后求得内径,进而求出中径比及轮毂比,又根据中径比可求出中径处的 U_1 及 W_1,从而求出转子进口相对气流角 β_1。

2. 转子出口的计算

给定转子出口的外径和轴向速度、转子的初始效率与负荷因子,首先根据负荷因子及切线速度求出转子出口的总焓 $H_2^* = H_1^* + H_z \to T_2^* \to S_2^*$,根据转子效率的初值可以得到等熵功 $H_{z, ad} = H_z \eta_{ag, pk, j}^*$,从而得到转子出口的等熵总焓,进而求得总压 $H_{2, ad} = H_1^* + H_{z, ad} \to T_{2, ad}^* \to S_{2, ad}^* \to P_2^* = P_1^* \exp[(S_{2, ad}^* - S_1^*)/R]$。

转子出口的周向速度 $C_{2u} = C_{1u} + \dfrac{H_z}{U_{cp, 1}}$,转子出口的绝对气流角、相对气流角 $\cot \beta_2 = \dfrac{U_{cp, 2} - C_{2u}}{C_{2a}}$,从而求出出口的全速度 $C_2 = \sqrt{C_{2a}^2 + C_{2u}^2}$,由此得出出口的静焓,进一步可得出出口的静温与静压 $H_2 = H_2^* - \dfrac{C^2}{2} \to T_2 \to S_2 \to P_2$。最后便可得出转子出口的环面积 $F = \dfrac{K_{G, j} G R T_2}{P_2 C_{2a}}$,$K_{G, j}$ 为该处的流量放大系数,从而可求得出口的轮毂半径及中径比等几何参数。

3. 转子效率的迭代

初始效率是人为给定的,一般存在较大的偏差,因此必须在程序中对效率进行迭代求解。效率主要与扩散因子及速度系数相关。

1）求解进口的速度系数

首先计算转子的进口相对总焓 $H_{1w}^{*} = H_1^{*} + \dfrac{U_{cp,1}^2 - 2U_{cp,1}C_{1u}}{2}$,进而可以得到相对总温 T_{1w}^{*}、熵函数 $S(T_{1w}^{*})$、进口相对总压 P_{1w}^{*}、临界总温 $T_{cr,w}$ 也可以求出,于是临界声速 $a_{cr,w} = \sqrt{2(H_{1w}^{*} - H_{cr,w})}$,进而得到速度系数 $\lambda_1 = \dfrac{W_1}{a_{cr,w}}$。

2）求解扩散因子

扩散因子与稠度和气流角有关,由以下公式求得:

$$D_{pk} = 1 - B(\beta_1, \beta_2, \sigma_{pk}) \tag{2.6}$$

3）损失计算

有了扩散因子就可以计算损失参数:$\varpi = f(D_{pk}, \beta_2, \sigma_{pk})$。考虑速度系数对损失系数的影响 K_{λ} 和叶型最大厚度的影响 K_c,可以得出修正的损失系数:

$$\varpi_{cr} = (K_{\lambda})_{pk}(K_c)_{pk}\,\varpi \tag{2.7}$$

4）效率迭代计算

通过损失系数求得出口的实际总压,然后便可以求得出口等熵熵函数,$S_{2,ag}^{*} = S_1^{*} + R\ln\dfrac{P_2^{*}}{P_1^{*}} \rightarrow T_{2,ag}^{*} \rightarrow H_{2,ag}^{*}$,这样便可以求得新的效率值:

$$\eta_{ag,pk}^{*} = \frac{H_{2,ag}^{*} - H_1^{*}}{H_z} \tag{2.8}$$

计算本次迭代的效率值和上一循环迭代的效率值的差值,如果两者小于给定误差,则迭代结束,否则返回重新计算。

4. 静子进口的计算

静子进口的总温、总压、气流轴向速度、切向速度等参数由上游转子出口传来。

5. 静子出口的计算

静子出口周向速度由反力度计算得出,如果是最后一级,则由 $C_{4u,z} = C_{4a}/\tan(\alpha_{4,z})$ 计算。计算出周向速度后,因为轴向速度 C_{4a} 已经预先赋了初值,因此可以得到出口全速度 $C_4 = \sqrt{C_{4a}^2 + C_{4u}^2}$,又有出口的总温 $T_4^{*} = T_2^{*}$,进而可以得到

$H_4 = H_4^* - C_4^2/2 \rightarrow T_4 \rightarrow S_4 \rightarrow P_4 \rightarrow \rho_4 \rightarrow F_4$，根据已经知道的几何条件可以求得所有的几何参数。

6. 静子总压恢复系数的迭代

静子总压恢复系数的求解过程与转子效率的迭代求解过程基本一致。首先，根据上游传递来的参数求解静子进口的速度系数；然后，再求进行扩散因子的计算，根据扩散因子及速度系数进行损失计算；最后，进行总压恢复系数的迭代，通过损失系数求得出口的实际总压，进一步求得静子总压恢复系数。根据上游转子效率求得本次迭代的级效率值，与上一次循环迭代求出的级效率值进行比较，如果两者差值小于给定误差，则计算结束，否则返回重新计算。

7. 展弦比及弦长的计算

首先计算转子的当量扩张角 $(\alpha_{c,pk,\max})_j = -a\left(\dfrac{j-1}{z-1}\right)^2 + b\left(\dfrac{j-1}{z-1}\right) + c$，根据

当量扩张角计算展弦比然后计算叶片数 $z_b = \dfrac{\pi \sigma D_k \bar{R}\bar{h}}{h}$，$h$ 为叶片高度，$\bar{R}$ 为中径比，叶片数需要四舍五入取整得到 $n_z = \text{int}(z_b)$，最后对展弦比进行调整 $\bar{h}_{pk,j}^c = \dfrac{n_z}{z_b}\bar{h}_{pk,j}$。

8. 弯角及投影长度的计算

前面已经求出转子进出口的相对气流角，因此，只需求出攻角与落后角便可求出转子叶片的几何弯角，最终得到转子叶片的轴向长度，下面给出详细的计算过程。

1）攻角的计算

采用类似美国国家航空咨询委员会（National Advisory Committee for Aeronautics, NACA）的方法来计算攻角、落后角和损失，损失的计算前面已经介绍，下面介绍攻角的计算方法。

NACA 的求解是建立在参考状态的基础上的，参考状态是指在整个叶栅的工作状态中，具有最小损失系数的那一点的工作状态。但在实际中，在叶栅的参考状态附近，损失系数与攻角的关系图比较平直，很难确定最小损失点，因此就给出了一种简易的定义，对于平直的关系图，处于 $2\varpi_{\min}$ 之间的中点处的状态就为参考状态，此时的攻角称为参考攻角。下面介绍参考攻角的求解。

首先求解 10%厚度、无弯度叶栅的参考冲角，其计算公式为

$$i_{0,10} = a(\sigma, \beta_1) \tag{2.9}$$

其中，β_1 为相对气流角，对于静子采用绝对气流角，对于转子采用相对气流角，考虑厚度分布影响因子 K_{ic} 以及叶型的最大挠度相对位置对弯角斜率因子的影响

K_{if}。

则最后参考攻角的计算为

$$i_{\mathrm{ref}} = K_{i,\,sh}K_{ic}i_{0,\,10} + aK_{if}\theta - b \qquad (2.10)$$

其中, $K_{i,\,sh}$ 为形状修正因子,不同的叶型其值不同。

2)落后角的计算

对于落后角的计算也是建立在参考状态的基础上的,首先计算 0 弯度、10% 厚度的叶型的参考落后角:

$$\delta_{0,\,10} = C(\beta_1,\,\sigma)$$

考虑厚度影响系数 $K_{\delta,\,c}$、弯角斜率因子 m、稠度的指数因子 μ、最大挠度相对位置对弯角的影响因子 $K_{\delta f}$,最终可以得到参考状态下的落后角计算公式:

$$\delta_{\mathrm{ref}} = K_{\delta,\,sh}K_{\delta,\,c}\delta_{0,\,10} + \frac{m}{\sigma^\mu}K_{\delta f}\theta \qquad (2.11)$$

3)弯角的计算

在上述攻角和落后角的计算过程中要用到弯角 θ,如果是正问题分析,叶片弯角是已知的,此时可以直接利用上面的方法计算攻角和落后角;然而在设计过程中,此时叶片的弯角还没有确定,因此计算攻角和落后角必须先求出弯角的值。根据叶片排进出口的速度三角形,可以计算出进出口的相对气流角,进而得到气流转角 $\Delta\beta$,根据气流转角和攻角、落后角的关系,利用上面介绍的计算公式就可以得到弯角的值。

根据几何关系,显然转角和攻角、落后角存在下面的关系:

$$\Delta\beta = \theta + i - \delta \qquad (2.12)$$

将上面关于攻角和落后角的计算公式代入便可以得

$$\Delta\beta = \theta + K_{i,\,sh}K_{ic}\delta_{0,\,10} + K_{if}n\theta - 1 - \left(K_{\delta,\,sh}K_{\delta,\,c}\delta_{0,\,10} + \frac{m}{\sigma^\mu}K_{\delta f}\theta\right) \qquad (2.13)$$

整理可以得

$$\theta = \frac{\Delta\beta - K_{i,\,sh}K_{ic}\delta_{0,\,10} + K_{\delta,\,sh}K_{\delta,\,c}\delta_{0,\,10}}{1 + K_{if}n - \frac{m}{\sigma^\mu}K_{\delta f}} \qquad (2.14)$$

形状修正因子 $K_{i,\,sh}$ 和 $K_{\delta,\,sh}$ 的值相同,因此可以将此二者简写为 K_{sh},进一步将上式整理得

$$\theta = \frac{\Delta\beta - K_{sh}\delta_{0,10}(K_{ic} - K_{\delta,c})}{1 + K_{if}n - \dfrac{m}{\sigma^{\mu}}K_{\delta f}} \tag{2.15}$$

这样就可以得到弯角的值,然后进一步计算攻角和落后角。

2.1.2　平均参数设计与分析

组合压气机一维气动设计流程如图 2.4 所示。首先根据总体的需求获取流量、总压比、效率、裕度等需求,根据总体需求完成组合压气机气动参数的初步选择,得到平均参数设计的计算输入,包括压气机转速、压气机进口条件、流量、压比分配、几何尺寸、轴向速度分布、加功量系数、反力度、展弦比、轴向间隙等参数。完成平均参数设计计算后,会输出计算得到的性能与几何参数:如级数、叶片数、叶栅稠度、主要流道特征尺寸,以及根据平均参数计算预估获得的一维组合压气机特性。图 2.5 和图 2.6 分别给出了平均参数设计所得流道及一维计算所得的压气机全转速特性线。

平均参数设计时必须要对各级的气动参数进行详细分析,判断各参数分布合理可行。以下简要介绍各主要参数的判定准则。

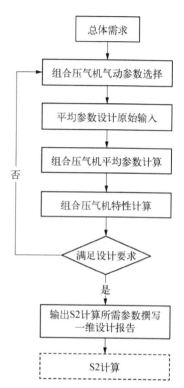

图 2.4　组合压气机一维气动
设计流程图

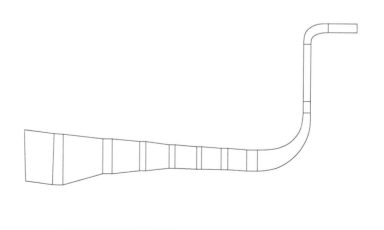

图 2.5　组合压气机平均参数设计所得流道

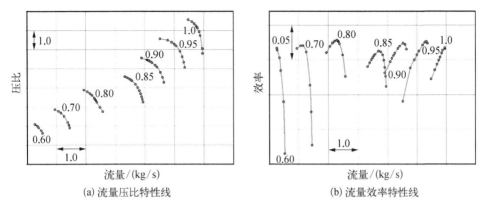

(a) 流量压比特性线   (b) 流量效率特性线

图 2.6 一维计算所得全转速特性线

1. 负荷系数

负荷系数偏高会导致压气机的效率及裕度均下降,负荷系数偏低则会使得压气机的级数偏多。图 2.7 给出了典型 3A1C 组合压气机负荷系数分布示意。

2. 流量系数

在相同气流弯角下,大的流量系数做功能力更强,但流量系数偏大会使得气流马赫数升高、损失增大,导致压气机的效率下降,流量系数过小会导致压气机迎风面积增大。图 2.8 给出了典型 3A1C 组合压气机流量系数分布示意。

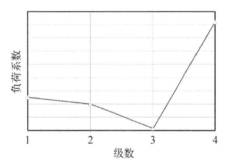

图 2.7 典型 3A1C 组合压气机负荷系数分布示意图

3. 反力度

反力度代表气流在压气机转静子中扩压的分配情况,图 2.9 给出了典型 3A1C 组合压气机轴流压气机反力度分布示意。

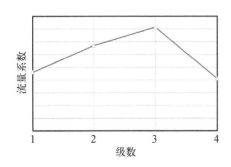

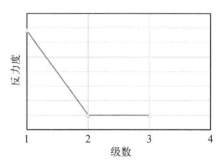

图 2.8 典型 3A1C 组合压气机流量系数分布示意图

图 2.9 典型 3A1C 组合压气机轴流压气机反力度分布示意图

4. 马赫数

马赫数与损失与裕度直接相关,图2.10给出了典型3A1C组合压气机转/静子进口马赫数分布。

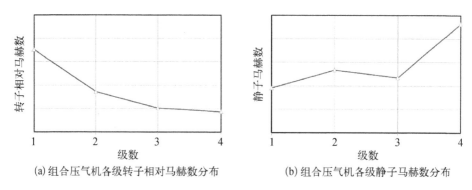

(a) 组合压气机各级转子相对马赫数分布　　　(b) 组合压气机各级静子马赫数分布

图 2.10　典型 3A1C 组合压气机转/静子进口马赫数分布示意图

5. 扩散因子

扩散因子代表当前叶片排的扩压程度,图2.11给出了典型3A1C组合压气机轴流转/静子扩散因子分布。

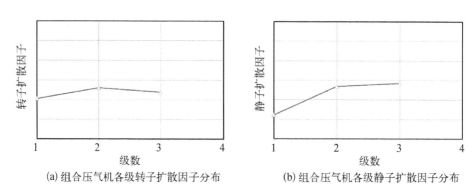

(a) 组合压气机各级转子扩散因子分布　　　(b) 组合压气机各级静子扩散因子分布

图 2.11　典型 3A1C 组合压气机轴流转/静子扩散因子分布示意图

6. Dehaller 数

Dehaller 数与扩散因子意义相近,由于其取消了稠度的影响,可以更直观地反映当前叶片排的减速扩压程度。图2.12给出了典型3A1C组合压气机轴流转/静子 Dehaller 数分布。

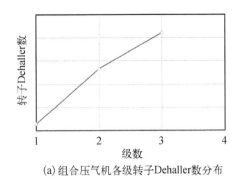 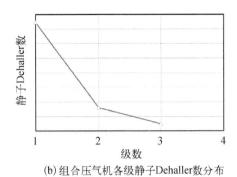

(a) 组合压气机各级转子Dehaller数分布　　　　(b) 组合压气机各级静子Dehaller数分布

图 2.12　典型 3A1C 组合压气机轴流转/静子 Dehaller 数分布

2.2　S2 流面设计

　　S2 流面设计分为 S2 流面反问题设计和 S2 流面正问题分析。S2 流面反问题设计是根据设计者给定各级的压比、效率、预旋等参数沿展向的分布,求解得到各排叶片的进、出口气流角沿展向的分布(即速度三角形的分布);S2 流面正问题分析与三维计算流体动力学(computational fluid dynamics, CFD)计算类似,是根据已有的叶片形状,求解得到各转速下压气机的流量、压比、效率等性能参数。求解 S2 流面正问题的方程是通过 N-S 方程简化得到的,其方程封闭需要增加各类经验模型,如攻角模型、落后角模型、损失模型、堵塞模型、掺混模型等。这些模型决定了 S2 流面正问题求解精度。然而,除国外几大航空发动机公司有较准确的 S2 流面正问题分析程序外,其他科研院所或者航空发动机公司的 S2 流面正问题分析程序的精度均不高。因此 S2 流面正问题分析在国内组合压气机中的应用并不广泛。所以,本节主要是 S2 流面反问题设计,阐述组合压气机 S2 流面设计。

2.2.1　S2 流面反问题设计原理

　　如果将压气机的设计比作人身体的组成,则一维设计是压气机设计的"基因",S2 流面反问题设计是压气机设计的"骨架",三维造型是压气机设计的"血肉"。有学者称 S2 流面反问题设计基本决定了压气机性能。所以,S2 流面反问题设计是整个压气机设计流程中最为关键的一个环节。

　　压气机的内部流动满足流体力学基本方程组,即连续方程、能量方程(热力学第一定律和叶轮机械欧拉方程的组合)和动量方程[纳维-斯托克斯(Navier-Stokes,N-S)方程]。基于上述方程,通过坐标变换和周向平均或轴对称假设,使笛卡儿坐标系下的三维定常 N-S 方程转化为在子午流面坐标系下的二维定常 N-S 方程,该方程称为子午流道通流方程。S2 流面反问题设计原理为:由设计者给定子午流道通流方程的边界条件,通过数值计算方法求解该方程,得到各排叶片进出口沿径向的气流角分布。

目前求解子午流道通流方程的主要方法仍然是流线曲率法。该方法来自Smith、Novak 和 Denton,基于吴仲华提出的 S1/S2 二元流面理论。虽然有许多学者提出了其他的理论,如流函数法、时间推进法和有限元法,但是在实际的应用中,目前还没有一种方法可以取代流线曲率法在通流计算中的地位。流线曲率法是将该二维问题进一步通过数学处理,变换为仅关于子午速度的一维问题的方法。具体操作上,将二维问题化为子午速度沿计算站的偏微分方程,此方程的未知数只有子午速度,通过假设中间流线上子午速度的值,可以依次得到其他流线的计算站网格点上子午速度的值,然后将子午速度代入流量方程中来判断计算结果是否满足质量守恒定律。如果结果不满足质量守恒定律,则要对速度进行修正并重新计算微分方程的系数。如此往复迭代直至获得满足流量方程收敛的子午速度,这时便获得了子午流面上的主要流场信息。

无论是离心压气机还是轴流压气机,内部流动的控制方程是统一的,化简后的通流方程的形式也是一致的,因此,均可采用流线曲率法求解子午流道通流方程。对于离心压气机,由于流线倾角可能出现接近 90° 的情况,在计算中要特别注意每个角度的取值范围和在公式中的出现位置,避免出现奇点。

流线曲率法提出至今已经有几十年了,还在不断地完善和发展,这主要体现在其所使用的经验模型的不断发展和扩充。以下简要推导流线曲率法的方程。

在笛卡儿坐标系下的动量方程为

$$\frac{\mathrm{D}V_i}{\mathrm{D}t} = f_i - \frac{1}{\rho}\frac{\partial p}{\partial x_i} + \frac{1}{\rho}\frac{\partial \tau_{ij}}{\partial x_j} \tag{2.16}$$

其中, V_i 为 i 方向(如 x 轴方向)的速度; f_i 为 i 方向的体积力; p 为压力; τ_{ij} 为 i 方向的黏性力,有

$$\tau_{ij} = 2\mu e_{ij} - \frac{2}{3}\mu \frac{\partial V_k}{\partial x_k}\delta_{ij} \tag{2.17}$$

其中, μ 为黏性系数; δ_{ij} 为单位张量,当 $i = j$ 时, $\delta_{ij} = 1$,当 $i \neq j$ 时, $\delta_{ij} = 0$ 。

$$e_{ij} = \frac{1}{2}\left(\frac{\partial V_i}{\partial x_j} + \frac{\partial V_j}{\partial x_i}\right) \tag{2.18}$$

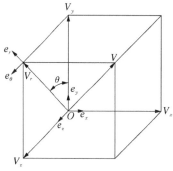

图 2.13 空间速度向量在 $x - y - z$ 和 $x - r - \theta$ 坐标系下分解示意图

笛卡儿坐标系下和柱坐标系下的速度分量如图 2.13 所示。在柱坐标系下, x 、 r 、 θ 方向的单位向量分别为 e_x 、 e_r 、 e_θ 。

将笛卡儿坐标系下的动量方程转换为柱坐标 $(x-r-\theta)$ 下动量方程,并将其在 e_x、e_r、e_θ 方向进行分解,e_x 方向的动量方程为

$$\frac{\partial V_x}{\partial t} + V_x\frac{\partial V_x}{\partial x} + V_r\frac{\partial V_x}{\partial r} + \frac{V_\theta}{r}\frac{\partial V_x}{\partial \theta} = -\frac{1}{\rho}\frac{\partial p}{\partial x} + \frac{1}{\rho}E_x + f_x \qquad (2.19)$$

其中,E_x 为 x 方向的黏性力;f_x 为 x 方向的体积力。

e_r 方向的动量方程为

$$\frac{\partial V_r}{\partial t} + V_x\frac{\partial V_r}{\partial x} + V_r\frac{\partial V_r}{\partial r} + \frac{V_\theta}{r}\frac{\partial V_r}{\partial \theta} - \frac{V_\theta^{\;2}}{r} = -\frac{1}{\rho}\frac{\partial p}{\partial r} + \frac{1}{\rho}E_r + f_r \qquad (2.20)$$

e_θ 方向的动量方程为

$$\frac{\partial V_\theta}{\partial t} + V_x\frac{\partial V_\theta}{\partial x} + V_r\frac{\partial V_\theta}{\partial r} + \frac{V_\theta}{r}\frac{\partial V_\theta}{\partial \theta} + \frac{V_r V_\theta}{r} = -\frac{1}{\rho}\frac{\partial p}{r\partial \theta} + \frac{1}{\rho}E_\theta + f_\theta \qquad (2.21)$$

将柱坐标系 $(x-r-\theta)$ 下的 q 投影到随流子午流面坐标系 $(m-n-\theta)$,如图 2.14 所示。向量 q 与径向的夹角为 γ。图 2.14 中,A、B、C 点构成的曲线为子午速度构成的流线,与流线相切的方向为 m 方向,单位向量为 e_m,与 m 方向垂直向上的方向为 n 方向,单位向量为 e_n。m、n 构成了沿着流线的坐标系。

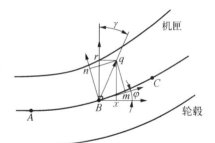

图 2.14　流面在子午平面的投影

将柱坐标系 $(x-r-\theta)$ 下的动量方程变换为沿流线的子午流面坐标系 $(m-n-\theta)$ 下动量方程,并将其在 e_m、e_n、e_θ 方向进行分解,e_m 方向的动量方程为

$$\frac{\partial V_m}{\partial t} + V_m\frac{\partial V_m}{\partial m} + \frac{V_\theta}{r}\frac{\partial V_m}{\partial \theta} - \frac{V_\theta^{\;2}}{r}\sin\varphi = -\frac{1}{\rho}\frac{\partial p}{\partial m} + \frac{1}{\rho}E_m + f_m \qquad (2.22)$$

e_n 方向动量方程为

$$\frac{V_m^{\;2}}{r_c} - \frac{V_\theta^{\;2}}{r}\cos\varphi = -\frac{1}{\rho}\frac{\partial p}{\partial n} + \frac{1}{\rho}E_n + f_n \qquad (2.23)$$

其中,r_c 为图 B 点的曲率半径;r 为 B 点在柱坐标系下的半径;φ 为流线切线与轴向的夹角。e_θ 方向动量方程为

$$\frac{\partial V_\theta}{\partial t} + V_m\frac{\partial V_\theta}{\partial m} + \frac{V_\theta}{r}\frac{\partial V_\theta}{\partial \theta} + \sin\varphi\frac{V_m V_\theta}{r} = -\frac{1}{\rho}\frac{\partial p}{r\partial \theta} + \frac{1}{\rho}E_\theta + f_\theta \qquad (2.24)$$

对 $m-n-\theta$ 坐标系下的动量方程进行简化。考虑到设计点工况,压气机内部流动基本稳定,所有动量方程可以作定常假设,则动量方程中关于时间的偏导项 $\frac{\partial}{\partial t}=0$。对于 $m-n-\theta$ 坐标系下的动量方程,有的学者作周向平均假设,也有作轴对称假设。作周向平均假设的动量方程会多出几项速度平均项,需要给定周向平均模型才能使方程封闭,而周向平均模型也需要作假设;作轴对称假设的动量方程,假设所有的参数沿着周向都是均匀的,则动量方程中关于 θ 的偏导项 $\frac{\partial}{\partial \theta}=0$,这有利于动量方程的化简。Cumpsty 在其著作《压气机气动力学》中指出,流线曲率法的计算结果与试验的误差主要是忽略了端壁区域的黏性影响。所以,无论采取周向平均假设还是轴对称假设,都会产生误差,但是这误差远不及忽略了端壁区域的黏性导致的误差。因此,工程界普遍采用更简洁的作轴对称假设的动量方程。将动量方程作定常和轴对称假设,则 $m-n-\theta$ 坐标系下 e_m 方向的动量方程为

$$V_m \frac{\partial V_m}{\partial m} - \frac{V_\theta^{\ 2}}{r}\sin\varphi = -\frac{1}{\rho}\frac{\partial p}{\partial m} + \frac{1}{\rho}E_m + f_m \tag{2.25}$$

e_n 方向的动量方程为

$$\frac{V_m^{\ 2}}{r_c} - \frac{V_\theta^{\ 2}}{r}\cos\varphi = -\frac{1}{\rho}\frac{\partial p}{\partial n} + \frac{1}{\rho}E_n + f_n \tag{2.26}$$

e_θ 方向的动量方程为

$$V_m \frac{\partial V_\theta}{\partial m} + \sin\varphi \frac{V_m V_\theta}{r} = \frac{1}{\rho}E_\theta + f_\theta \tag{2.27}$$

对于沿 q 方向(图 2.14)的偏导数:

$$\frac{\partial}{\partial q} = \frac{\partial}{\partial m}\frac{\partial m}{\partial q} + \frac{\partial}{\partial n}\frac{\partial n}{\partial q} \tag{2.28}$$

由图 2.14 的几何关系可以知道: $\frac{\partial m}{\partial q} = \sin(\varphi+\gamma)$, $\frac{\partial n}{\partial q} = \cos(\varphi+\gamma)$。 所以,

$$\frac{\partial}{\partial q} = \sin(\varphi+\gamma)\frac{\partial}{\partial m} + \cos(\varphi+\gamma)\frac{\partial}{\partial n} \tag{2.29}$$

将 e_m 方向的动量方程乘以 $\sin(\varphi+\gamma)$ 和 e_n 方向的动量方程乘以 $\cos(\varphi+\gamma)$ 相加,整理得

$$\sin(\varphi + \gamma) V_m \frac{\partial V_m}{\partial m} + \cos(\varphi + \gamma) \frac{V_m^2}{r_c} - \frac{V_\theta^2}{r} \cos \gamma = -\frac{1}{\rho} \frac{\partial p}{\partial q} + f_q + \frac{1}{\rho} E_q$$

$$(2.30)$$

其中，$f_q = \sin(\varphi + \gamma) f_m + \cos(\varphi + \gamma) f_n$；$E_q = \sin(\varphi + \gamma) E_m + \cos(\varphi + \gamma) E_n$。由热力学公式 $T \mathrm{d}s = \mathrm{d}h - \dfrac{1}{\rho} \mathrm{d}p$ 和总静焓关系 $h = H - \dfrac{1}{2} V^2$ 推导得

$$-\frac{1}{\rho} \frac{\partial p}{\partial q} = T \frac{\partial s}{\partial q} - \frac{\partial H}{\partial q} + V_m \frac{\partial V_m}{\partial q} + V_\theta \frac{\partial V_\theta}{\partial q} \qquad (2.31)$$

将式(2.31)代入式(2.30)整理得

$$V_m \frac{\partial V_m}{\partial q} = \frac{\partial H}{\partial q} - T \frac{\partial s}{\partial q} - \frac{1}{2r^2} \frac{\partial (V_\theta r)^2}{\partial q} + \sin(\varphi + \gamma) V_m \frac{\partial V_m}{\partial m}$$

$$+ \cos(\varphi + \gamma) \frac{V_m^2}{r_c} - f_q - \frac{1}{\rho} E_q \qquad (2.32)$$

　　式(2.32)为定常和轴对称假设下，在子午面上沿准正交坐标系 q 方向的动量方程，也称为流线曲率法的主方程。S2 流面反问题设计原理就是在给定转子压比、效率和静子总压恢复系数、出口环量沿准正交坐标系 q 方向分布的情况下，求解出方程(2.32)左边的子午速度沿准正交坐标系 q 方向的分布，进而求出气流角沿准正交坐标系 q 方向的分布。方程(2.32)中右边的第一项为总焓沿 q 方向的梯度，转子出口的总焓可以通过压比和效率计算得到；由于静子对气流不做功，所以总焓沿着静子内的流线不变。方程(2.32)中右边的第二项为熵沿 q 方向的梯度，熵可以通过总焓和压比或总压恢复系数计算得到。方程(2.32)中右边的第三项为环量沿 q 方向的梯度，静子出口的环量为给定值，在无叶区，环量沿着流线不变，所以转子进口的环量等于上一排静子出口的环量；转子出口的环量通过总焓和欧拉公式求解得到。方程(2.32)中右边的第六项为叶片力，可以通过以下关系式求解得到：

$$f_q = \tan \varepsilon \frac{V_m}{r} \frac{\partial (rV_\theta)}{\partial m} \qquad (2.33)$$

其中，ε 为叶片流面与子午面沿着 q 方向的夹角。方程(2.32)中最后一项 E_q 为黏性项，基本上可以忽略；如果考虑采用 Gallimore 的掺混模型，则黏性项不能忽略。

2.2.2　S2 流面反问题设计与分析

　　一般传统的 S2 反问题设计的详细流程如图 2.15 所示。S2 反问题设计首先根据一维平均参数计算中确定的级数、轴向长度、级平均总压比、级平均效率、级进出

口流道面积、各叶片排之间的间隙及叶片根尖截面轴向长度等参数,画出初步的子午流道,叶片前、后缘在子午面上的投影用直线代替,S2 计算输入的子午流道原则上越光顺越好。然后,给定各级转子压比和效率沿叶高分布,各级静子叶片(包括进口导向叶片)总压恢复系数和静子出口环量沿叶高分布,压气机进口的总温和总压沿叶高分布,以及流量堵塞系数沿轴向的分布,就可以进行 S2 流面的计算。最后,根据计算结果进行分析,对叶片前、后缘在子午面上的投影及流道作适当修改,再进行 S2 流面的计算,对子午流道修改与 S2 流面计算进行反复迭代计算,直至各控制参数达到预期合理的值。

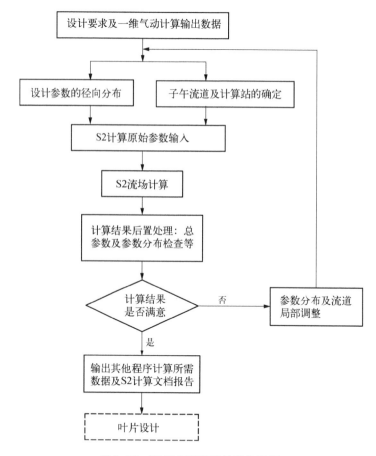

图 2.15 S2 反问题设计的详细流程

S2 反问题设计流程中计算站的划分是最基础的一个步骤,计算站的划分是指通道内沿流线方向的计算站设置,计算站从通道内壁到外壁为一段与流线方向准正交的直线,通常,需将通道向进、出口延伸一平直段,并设置 3~7 个计算站。叶片内则视情设置若干个计算站(轴流叶片 3~5 站;离心叶片 10~20 站),叶片之间则视间距大小设置计算站。最终划分的计算站应尽量均布,并尽量与流线正交,如图 2.16 所示。

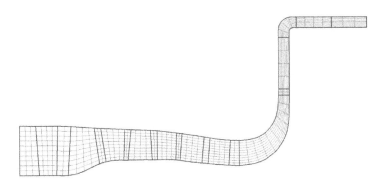

图 2.16　组合压气机的计算站划分示意图

S2 反问题设计流程中给定设计参数的径向分布是最重要的一个步骤,以下简要介绍各参数的给定准则。

1. 级压比沿叶高分布

为了减小气流沿叶高的掺混和使出口总压均匀,通常在级出口设总压沿叶高均匀分布,即各级的总压比沿叶高为常数,如图 2.17 所示。

2. 转子叶片效率沿叶高分布

(1) 在叶片根部,由于内壁附面层和二次流影响,损失大,效率低。

(2) 叶片尖部,不但要考虑壁面附面层影响,而且要考虑叶尖和机匣的间隙引起的倒流与潜流损失。对跨声压气机,还要考虑叶片槽道内激波损失,所以叶尖的效率比叶根还低。

(3) 叶中区流动最优,效率较高。典型的转子效率沿叶高的分布如图 2.18 所示。

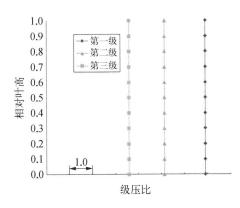

图 2.17　级压比沿叶高的分布示意图

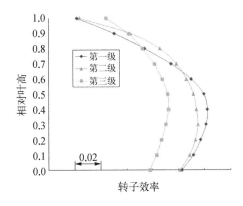

图 2.18　转子效率沿叶高的分布示意图

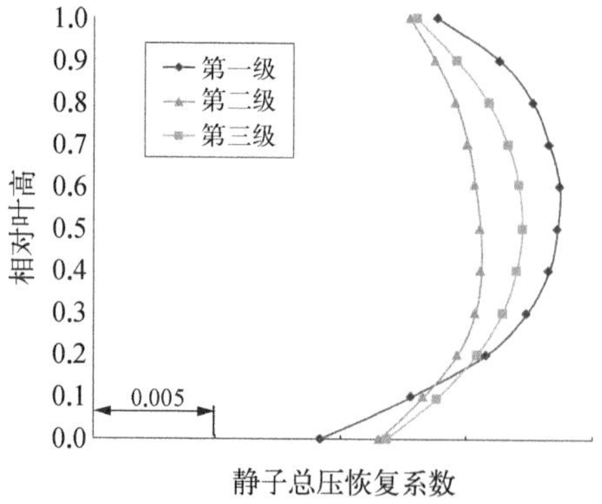

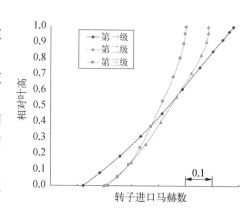

图 2.19 静子总压恢复系数沿叶
高的分布示意图

3. 静子叶片的总压恢复系数沿叶高分布

（1）考虑内外壁面附面层的影响,叶片根尖损失大于叶中损失。

（2）对于前面级静子,叶根进口马赫数较高,叶片弯角大,扩散因子高,损失比叶尖大。典型的静子总压恢复系数沿叶高的分布如图 2.19 所示。

4. 堵塞系数

根据经验,压气机从进口到出口基本呈线性递增趋势。在给定以上设计输入参数以及其他所需的输入参数后,进行 S2 计算。对 S2 计算结果按以下内容进行流场及载荷检查分析,对压气机的设计做出评价。

5. 光滑性

对流场的判断首先应对整个流场气动参数的光滑性进行检查,对压气机内流动的光滑性影响的因素有许多:叶片角变化、叶片厚度变化、叶片子午流道变化不均匀以及因攻角选取不合适都将对流动光滑性造成破坏。

6. 参数

压气机进口轴向马赫数应控制在 0.4~0.6。

第 1 级转子叶片叶尖相对马赫数应控制在 1.0~1.7,如图 2.20 所示。

轴流级转子叶片叶尖马赫数应控制在 0.8~1.2,静子叶片叶根马赫数应控制在 0.6~1.0。

离心叶轮出口与进口的平均速度比应控制在 1.5~2.8。

离心压气机径向扩压器进口平均马赫数应控制在 0.7~0.95。

图 2.20 转子进口马赫数沿叶
高的分布示意图

离心压气机轴向扩压器出口平均气流角应控制在 0°~25°。

离心压气机轴向扩压器出口平均马赫数应控制在 0.1~0.35。

需要注意的是,组合压气机设计时如果将轴流级和离心级分开设计,先进行轴流设计,再根据轴流的结果确定离心级的设计条件,那么在初期设计时很难兼顾轴流与离心,基本不能完全考虑到轴流与离心间的匹配,需要后期再进行大量的迭代计算来调整两者之间的匹配关系。而在 S2 反问题设计时,就把轴流离心放在一起进行一体化的 S2 通流设计,有利于更合理地考虑组合压气机中轴流、离心间的匹配,大幅减少后续的迭代次数。

通流反问题设计最终可得到转静子叶片每一站的气流角分布,给定合理的脱轨角,便可得到叶片造型角度,进行下一步的叶片造型工作。

2.3　叶 片 设 计

压气机叶片设计是气动设计过程中实施流动控制最直接的环节,基于一维平均参数设计与 S2 流面设计获得的压气机轮廓,通过给定几何角、弦长、厚度等造型参数获得压气机各排叶片气动外形,实现一维设计与 S2 流面设计预期的气动参数变化。组合压气机叶片设计包括轴流级转静子叶片,离心级离心叶轮、扩压器叶片。随着压气机气动设计技术的发展和发动机对压气机气动性能需求的不断提高,压气机叶片设计在注重传统的进出口几何角、前尾缘半径、最大挠度及其位置、最大厚度及其位置、弦长等叶型几何参数选取的同时,也形成了追求前缘形状、几何角与厚度分布等精细化设计的思路,设计自由度大幅拓宽。同时三维复合弯掠设计的工程应用也越来越广泛。

2.3.1　叶片设计原理

从压气机叶片设计之初到现在,任何复杂的三维叶片都是由基元叶型积叠而成的。如图 2.21 所示,通过 S2 流面设计获得基元叶型造型截面位置及叶片进出口气动参数,进而开展造型截面位置基元叶型设计,最终通过各造型截面基元叶型的展向积叠形成三维叶片。

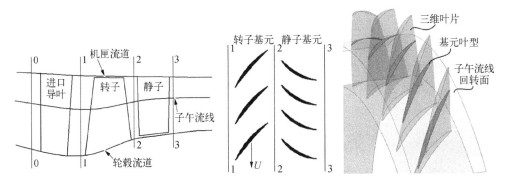

图 2.21　基元叶型与三维叶片图示

20 世纪初,设计者基于机翼翼型设计理论,通过大量叶栅吹风试验数据逐步梳理总结出更加适用于压气机叶栅的重要几何参数,形成了沿用至今的压气机基元叶型参数化设计方法,并获得了 NACA 系列、C 系列及 BC-6 系列等至今仍被广泛应用的经典叶型。

如图 2.22 所示,压气机基元叶型的主要几何参数包括中弧线、弦长、最大挠度及其位置、最大厚度及其位置、前尾缘半径等,具体如下。

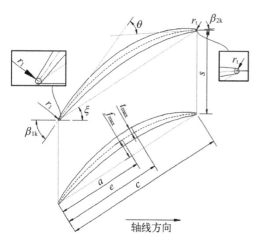

图 2.22　基元叶型几何参数图示

（1）中弧线:中弧线的几何定义是叶型吸力面与压力面型线的内切圆圆心连线,但在叶型设计时,型线未知,因此叶型正问题设计通常是先根据气动载荷需求给定中弧线形状。

（2）弦长 c:在叶型设计中将厚度分布叠加到中弧线上生成叶型型线后,其前后两端并未封闭,需要增加前尾缘型线进行封闭。封闭后,中弧线前后端点处切线与前尾缘型线交点称为前缘点和后缘点,前后缘点连线称为弦线,弦线长度即为弦长,通常将中弧线前后端点直线距离定义为气动弦长。

（3）最大挠度 f_{max} 及其位置 a:中弧线到弦线的最大垂直距离为最大挠度,最大挠度位置为最大挠度点沿弦线方向距前缘点的距离,设计中通常采用相对于弦长的比值表示。

（4）最大厚度 t_{max} 及其位置 e:最大厚度位置为最大厚度点沿弦线方向距前缘点的距离,设计中通常也采用相对于弦长的比值表示。

（5）前缘半径 r_1 及尾缘半径 r_t:对于最初的圆形或椭圆形的前尾缘,可以直接获取半径值,但近年来为了优化前尾缘处流动,前尾缘型线也采用其他二次曲线,此时前尾缘半径的定义为叶型前尾缘处半厚度。

（6）基元叶型安装角 ξ:叶型弦线与轴向的夹角。

（7）基元叶栅稠度 $\tau = c/s$:其中 s 为栅距,指相邻叶型对应点之间沿切向的距离。稠度由叶片数、基元叶型叶高位置、弦长共同决定。

（8）基元叶型进口几何角 β_{1k}:前缘点切线与轴向的夹角,由进口气流角与攻角决定。

（9）基元叶型出口几何角 β_{2k}:尾缘点切线与轴向的夹角,由出口气流角与落后角决定。

（10）叶型几何转角 θ：$\theta = \beta_{1k} - \beta_{2k}$，表征叶型几何的弯曲程度。

基于上述叶型参数定义，基元级对气动参数的控制主要体现在压气机叶栅速度三角形上，如图 2.23 所示。下标 1 代表转子进口截面平均参数，2 代表转子出口截面平均参数，3 代表静子出口截面平均参数，该速度三角形将转子进出口截面气流平均速度，以及相对速度与绝对速度相关联，同时通过攻角与落后角将基元叶栅气动参数与几何参数相关联（图 2.24）。基元级速度三角形具体参数定义如下。

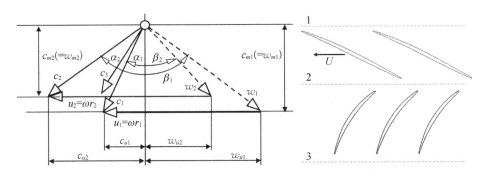

图 2.23　压气机基元叶栅速度三角形图示

（1）绝对气流角 α：各截面绝对速度与轴向的夹角。

（2）转子切向速度 U：指定半径处转子截面做圆周运动的线速度，$U = \omega r$，$U = W - C$。

（3）相对气流角 β：各截面相对速度与轴向的夹角。

（4）攻角 i：叶栅进口气流方向与叶型前缘点切线之间的夹角，为叶型进口气流角与进口几何角之差，对于转子 $i = \beta_1 - \beta_{1k}$；对于静子 $i = \alpha_1 - \alpha_{1k}$。

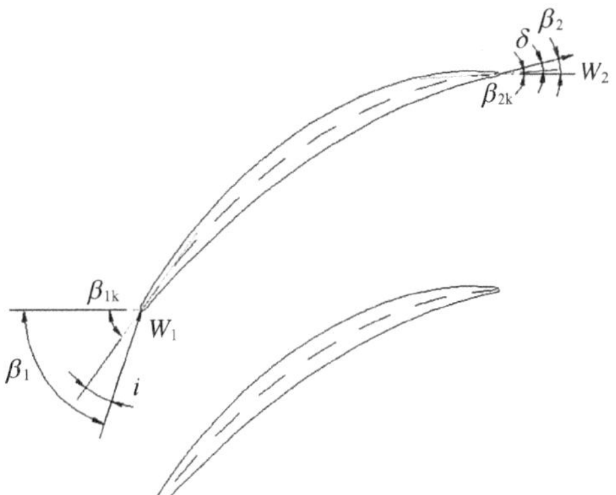

（5）落后角 δ：叶栅出口气流方向

图 2.24　压气机攻角与落后角图示

与叶型前缘点切线之间的夹角，为叶型出口气流角与出口几何角之差，对于转子 $\delta = \beta_2 - \beta_{2k}$；对于静子 $\delta = \alpha_2 - \alpha_{2k}$。

上述基元叶型设计原理是通过大量平面叶栅吹风试验获得的，因此至今对于基元叶型的设计仍然在平面上进行。在完成 S2 流面设计后，需要将图 2.25 所示的各类叶片不同展向造型截面的回转面参数转换到平面坐标系中，转换图示见图 2.26。

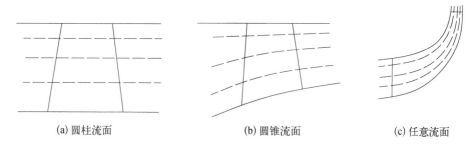

| (a) 圆柱流面 | (b) 圆锥流面 | (c) 任意流面 |

图 2.25　不同类型流面子午流线图示

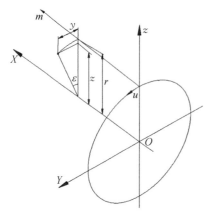

图 2.26　任意回转面与平面坐标转换图示

在数学上,任意回转面与展开平面存在如下转换关系:

$$\begin{cases} X = m \\ Y = r\varepsilon - \int_0^l \varepsilon(\mathrm{d}r/\mathrm{d}m)\mathrm{d}m \end{cases} \tag{2.34}$$

其中, $m = X$、Y 分别为展开平面上的坐标;r、m、$\mathrm{d}r/\mathrm{d}m$ 分别为流线半径、子午流线长度和流线斜率;l 为叶片排内子午流线从前缘到当地长度;θ 为流线的角向坐标。当 $\mathrm{d}r/\mathrm{d}m = 0$ 时,为圆柱面变换;$\mathrm{d}r/\mathrm{d}m = \mathrm{const}$ 时,为圆锥面变换。

将式(2.34)离散展开,得到以下数值关系式:

$$\begin{cases} x_{i+1} = m_{i+1} \\ y_{i+1} = r_{i+1}\varepsilon_{i+1} - \dfrac{1}{2}\sum_{i=1}^{n}\left[\left(\dfrac{\mathrm{d}r}{\mathrm{d}m}\right)_{i+1}\varepsilon_{i+1} + \left(\dfrac{\mathrm{d}r}{\mathrm{d}m}\right)_{i}\varepsilon_i\right](x_{i+1} - x_i) \end{cases} \tag{2.35}$$

其中,n 为叶型压力面或吸力面从前缘到尾缘的离散点数。

随着设计者对压气机流动机理和基元叶型/叶栅特性认识的积累,以及高性能压气机气动设计技术的发展变化,压气机基元叶型从最初的仿照机翼选用 NACA 系列等标准叶型,逐渐发展了可控扩散叶型、任意定制叶型等,如图 2.27 所示。在另一个层面上,通过基元叶型展向积叠的三维叶片造型也经历了设计思路和设计理念的不断转变和发展,宽弦、复合弯掠三维叶片设计成为当前高负荷高效率宽裕度压气机流动控制的关键技术特征,如图 2.28 和图 2.29 所示。

宽弦叶片设计能够有效缓解高负荷叶片通道内强逆压力梯度,确保跨声叶片激波更加深入通道内部,对压气机效率、裕度提升均有明显收益。复合弯掠设计受掠形机翼的启示,在不断尝试和探索中成为优化压气机负荷展向分配的有效手段。

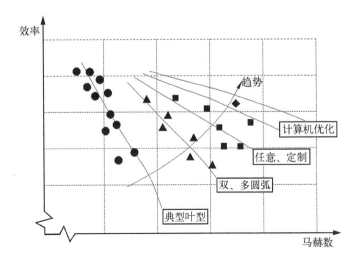

图 2.27　压气机基元叶型发展图示

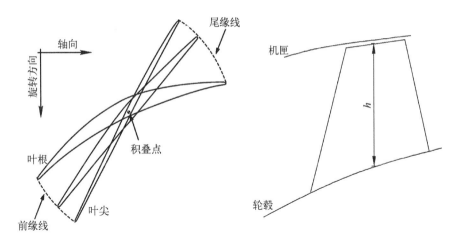

图 2.28　基元叶型积叠图示

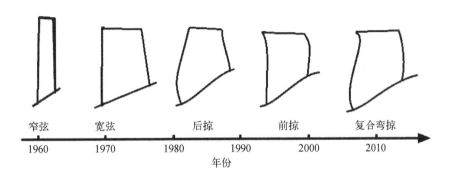

图 2.29　压气机三维叶片发展图示

压气机叶片三维复合弯掠的定义如图 2.30 所示,即基元叶型重心沿着弦向平移称为掠,垂直于弦向的平移称为弯。在子午平面内,如果叶片的积叠线与端壁在前缘一侧的夹角是钝角定义为前掠,反之若为锐角则是后掠;在垂直于子午面的截面内如果积叠线与端壁在吸力面一侧的夹角为钝角定义为正弯,反之定义为反弯。

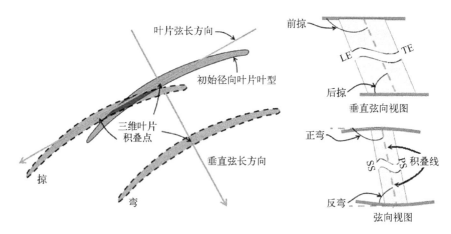

图 2.30　压气机三维弯掠设计定义

2.3.2　叶片参数选取与造型

压气机叶片通道流动形态可通过叶片造型参数进行控制,造型参数的选择对压气机气动性能具有重大影响。因此,在介绍叶片造型之前,先对关键叶型参数的选取对压气机气动参数的影响进行说明。

1. 叶片造型参数选取

1) 攻角与落后角

根据压气机工作特性,在不同工况下由于流量和转速的变化,基元叶栅对应的进口气流角也会变化,显然基元叶型攻角会随压气机工作状态而改变。在通过 S2 流面设计获得叶片排进出口气流角分布后,攻角直接决定了基元叶型进口几何角。攻角的选择直接影响压气机加功量、效率和喘振裕度,需要考虑来流马赫数、叶型设计、多级匹配等多方面的因素,通常以设计和试验经验数据为基础给定。由于叶栅通道扩压过程中不可避免地带来叶型吸力面附面层增厚甚至分离,因此基元叶栅出口气流角与叶型几何角之间也存在差值,该差值称为落后角。落后角不仅影响基元叶栅自身的加载和流动损失,还会影响下游叶排的进口攻角。国外许多专家基于大量叶栅试验数据总结了多种落后角预估方法,最为常用的是卡特(Carter)公式:

$$\delta = m\theta\sqrt{\frac{t}{b}} \tag{2.36}$$

其中,

$$\theta = (\beta_1 - \beta_2) - i + \delta \tag{2.37}$$

$$m = 0.23 \left(\frac{2a}{b} \right)^2 - 0.002(90 - \beta_2) + 0.18 \tag{2.38}$$

其中,T 为叶栅进、出口栅距的平均值(进出口叶高不相等),其他参数定义见 2.3.1 节。

　　用卡特公式计算的落后角和实际的叶栅落后角有一定的误差,尤其在叶片根、尖部分差别很大,所用的叶型不同,计算的落后角也不一样,所以在设计压气机叶片时,必须对卡特公式计算的落后角根据设计经验和试验数据库进行修正。

　　2) 中弧线形状

　　基元叶型中弧线两端由进出口几何角确定,基本表征了叶型加载能力,中弧线沿弦长方向的曲率变化基本确定了叶型载荷分布。压气机基元叶栅流动控制是通过叶型型线的曲率变化实现对进入叶栅通道的气流合理组织,在尽可能低的流动损失下达到扩压目的。来流速度对流动控制有着重要影响,因此叶型设计时会针对不同来流马赫数选择不同的中弧线形状(图 2.31)。对于亚声速来流,通常选用圆弧中弧线,叶栅通道沿程基本呈等梯度扩压;对于高亚声速来流或 $Ma < 1.2$ 的超声速来流,通常选用双曲线中弧线,叶栅通道呈现出前半段载荷重后半段载荷轻的特征,有利于抑制叶栅通道出口段附面层发展;当进口来流马赫数进一步增加后,多圆弧叶型已不能适应这种超声速流动的要求,于是出现了中弧线采用多项式表达的任意叶型,通过选取合适的多项式系数对中弧线曲率变化进行控制,可实现对超声叶栅进口段高马赫数区域的流场优化,降低通道激波损失,典型的有预压缩叶型设计;基于任意叶型的造型原理,针对来流马赫数超过 1.5,且负荷较高的强逆压力梯度叶栅流动,现代高性能压气机又发展了定制叶型设计,通过对叶型中弧线的任意调整,获得适应于特定流场的中弧线形状,实现了对流动细节的精确控制。

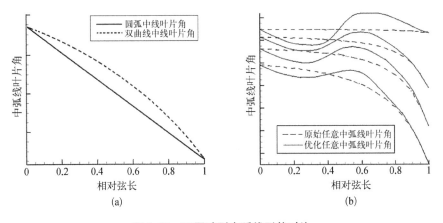

图 2.31　不同叶型中弧线形状对比

3）厚度分布

基于叶型中弧线,通过叠加厚度沿弦长的分布,即可获得叶型吸力面与压力面型线。因此厚度分布与中弧线形状共同决定了基元叶型吸力面和压力面型线的曲率变化,通过厚度分布能够调整叶型表面压力分布。图 2.32 给出了 NACA65、C4、DCA(双圆弧叶型)三种典型叶型图示与对应的叶型表面压力分布对比,三种叶型均采用圆弧中线,攻角状态一致。可以看出,NACA65 和 C4 叶型均存在吸力面低压区,即进口段流动加速明显,这种厚度分布使得叶型临界马赫数降低,DCA 叶型厚度分布比较均匀,对应的叶片表面压力分布也最为均匀。为了适应超、跨声速压气机发展的需要,20 世纪 70 年代后期,国外出现了定制叶型技术,它是超临界叶型技术和可控扩散叶型技术的统称,如图 2.33 所示。可控扩散叶型的设计思路是:在吸力面峰值速度点后,叶型的形状应使得速度扩散率得到有效控制,并使吸力面附面层分离造成的叶型损失最小。

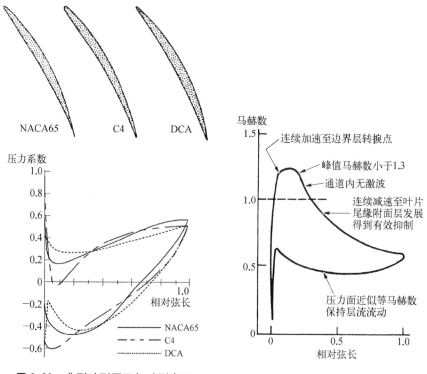

图 2.32 典型叶型图示与叶型表面压力分布对比

图 2.33 可控扩压叶型表面马赫数分布

4）前缘形状

长期以来压气机叶型前缘多采用圆或椭圆形状,早期针对叶型前缘的研究主要集中在前缘小圆半径对基元叶栅特性的影响,总结出了适应于不同来流马赫数的前缘半径取值规律。近年来随着对压气机流动细节认知的加深,研究者发现前缘曲线形状对压气机基元叶型有不可忽略的影响,常规叶型前后缘切点都是用圆弧连接,超声速气流在叶型头部加速过快,不利于后面气流的控制。伴随着加工工艺水平的进步,有利于降低损失的定制前缘曲线逐渐在组合压气机中得到应用。如图 2.34 所示,与常规圆形前缘相比,采用贝塞尔曲线定制前缘,可以减小前缘与叶身相接处曲率不光滑,从而减小叶片前缘吸力峰峰值,减小损失。

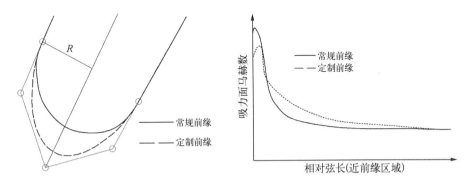

图 2.34　定制前缘设计对比

5) 叶栅稠度

压气机叶栅稠度的选取与叶型气流转角与扩散因子密切相关,当稠度增大时,叶型吸力面与压力面压差降低,缓解了吸力面附面层沿程增厚的发展趋势,因此当叶型几何转角和来流马赫数较大时,往往选择大稠度设计确保压气机裕度。根据叶栅稠度的定义,确保压气机稠度的方式有增加叶片数和增大弦长,因此当前高负荷压气机设计也呈现出两个不同的特征,一个是高展弦比和较多的叶片数,另一个是宽弦设计和较少的叶片数,但最终目的都是通过大稠度来缓解高负荷设计带来的强逆压梯度。

6) 积叠线弯掠

压气机叶片三维复合弯掠设计是通过积叠线弯掠来实现的,围绕叶片弯掠设计对性能的影响和机理分析,国内外开展了大量研究,目前弯掠设计在跨声转子叶片和带冠静子叶片中的应用最为广泛。在跨声转子叶片中,采用复合弯掠可以使得尖部通道激波三维走向发生变化,降低激波损失,提高压气机稳定裕度,同时通过调整尖部区域叶型负荷,降低叶尖间隙泄漏流的影响;在带冠静子叶片中采用弓形设计,可有效缓解或消除静子角区分离,大幅降低静子在整个稳定工作范围内的流动损失。本质上,三维叶片积叠线弯掠改变了叶片气动外形的展向走势,进而使得叶片对气流的作用力发生变化,达到优化叶片通道的三维流场结构的效果(图2.35)。

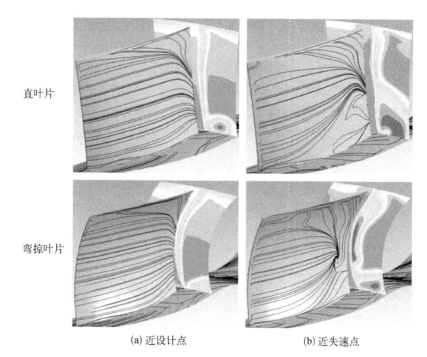

直叶片

弯掠叶片

(a) 近设计点　　　　　　　　　　　(b) 近失速点

图 2.35　直叶片静子和三维造型静子流动控制效果对比

2. 叶片造型

压气机叶片造型方法分为正问题方法和反问题方法。反问题方法是指根据设计要求给定流场中的某些流动参数,通过构建的反问题算法获取实现该流动特征的叶片造型。由于需要求解流场,反问题方法流动参数的给定需要依赖设计者对压气机气动载荷分布的充分了解,偏离设计准则的气动载荷分布容易带来流场求解不收敛,无法获得与其相适应的几何型线,因此应用较少。正问题方法是目前组合压气机叶片造型设计主要采用的方法,本节重点对基于正问题的压气机叶片造型方法进行介绍。

图 2.36 给出了采用正问题方法的压气机基元叶型造型流程图,轴流叶片、离心叶轮及扩压器叶片基本一致。基于叶型参数的传统叶型和基于任意中弧线定制叶型造型思路基本一致,主要差别是前者叶型中弧线和厚度分布为圆弧线或多项式曲线,任意中弧线造型方法的中弧线和厚度分布可以是离散点设计。

1) 轴流叶片造型

基于参数化设计的常规叶型在根据圆弧线或多项式生成叶型中弧线后,叠加上标准厚度分布(即以相对弧长为自变量,以最大厚度位置为界点的两个三次多项式)获得叶型型线,然后根据给定的前后缘半径将型线封闭,便可获得完整的基元叶型。

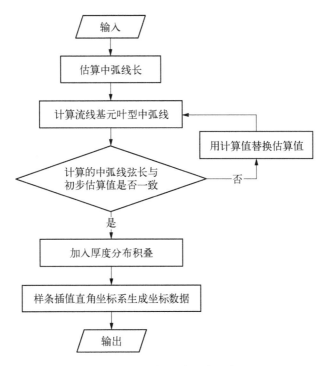

图 2.36　常用的压气机基元叶型造型流程

任意中弧线造型方法的中弧线与厚度分布给定比较自由,以基于中弧线叶片角的造型方法为例,对轴流叶片造型过程进行说明。

已知叶型子午流道坐标 $(X_{i,j}, R_{i,j})$、S1 流面叶型叶片角 β 分布 $(X_{i,j}, B_{i,j})$。如图 2.37 所示,取微元段 $\mathrm{d}x = X_{i,j+1} - X_{i,j}$,$\mathrm{d}r = R_{i,j+1} - R_{i,j}$,根据子午流道线坐标得子午流线弧长微元段:

$$\mathrm{d}l = \sqrt{\mathrm{d}x^2 + \mathrm{d}r^2} \tag{2.39}$$

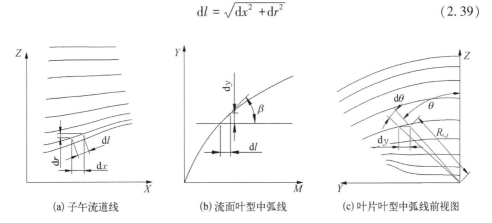

(a) 子午流道线　　　(b) 流面叶型中弧线　　　(c) 叶片叶型中弧线前视图

图 2.37　叶型中弧线构造示意图

根据 S1 流面叶型中弧线叶片角数据,可得叶型中弧线周向弧长微元段:

$$dy = dl \cdot \tan \beta \tag{2.40}$$

以中弧线前缘为基点,取中弧线数据点周向角 $\theta_{i,1} = 0$,根据周向弧长得微元周向角:

$$d\theta = dl / R_{i,j} \tag{2.41}$$

于是可得流面叶型中弧线坐标:

$$Y_{i,j} = R_{i,j} \cdot \sin \theta, \quad Z_{i,j} = R_{i,j} \cdot \cos \theta \tag{2.42}$$

通过中弧线构造,已获得中弧线坐标关系式 $y = f(x)$,进一步可得其一阶导数 $f'(x)$,则流面叶型叶片角可表示为

$$\beta_1 = \arctan[f'(x)] \tag{2.43}$$

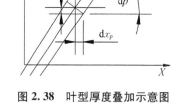

如图 2.38 所示,已知 β 角(β_1)、压力面叠加量 dp,则可得压力面轴向与周向坐标叠加量,即

$$dx_p = \sin \beta_1 \tag{2.44}$$

$$dy_p = \cos \beta_1 \tag{2.45}$$

根据已知的中弧线坐标,以及求得的压力面、吸力面叠加量,即可获得叶型型面坐标。在此基础上,通过添加前尾缘对叶型型线进行封闭,形成完整的基元叶型。

图 2.38　叶型厚度叠加示意图

对于叶型积叠,由于需要搜索叶型重心,因此将流面叶型展开为二维平面叶型,获取各叶高叶型重心,并根据输入的弯/掠参数,实现三维叶片弯/掠设计。

2) 离心叶片造型

组合压气机中离心叶轮通常采用导风轮和叶轮为一体的开式、直纹叶片叶轮。直纹叶片能用线接触的方法进行加工,加工效率高、成本低,但由于直纹叶片进口叶片角从叶根到叶尖只能线性变化,叶轮对来流的适应性会受到一定限制。目前,在离心直纹叶片造型领域,已发展了一种新的技术——叶片进口裁剪技术。结合进口段叶片裁剪技术,可设计成后掠的离心叶片,这时叶片进口叶片角从叶根到叶尖为曲线分布。

叶轮叶片造型在近似流面的回转面上进行,直纹面叶片中只能给定有限的几个回转面上的叶型,其他回转面上的叶型由直母线生成,主要有两种方法。

(1) 给定三个(通常为根、中、尖)回转面上的叶型及其相对位置,寻找直母线,

生成其他回转面上的叶型。

（2）给定两个（通常为根、尖）回转面上的叶型及其相对位置,规定生成母线的运动规律（一般为其在子午面上和径向的角度变化规律）,生成其他回转面上的叶型。

第一种方法增加了叶中截面的叶型设计,生成的叶片对流场适应性较好,但由于其生成母线的变化规律不能直接控制,很容易造成叶片光滑度不高和加工困难;第二种方法叶片生成线角度可调,叶片的光滑性好,但其对来流角度的适应性比第一种方法的稍差。

确定好造型截面后,叶型生成通常采用基于中弧线叶片角度的设计方法,这与轴流叶型设计类似（图 2.39）。离心叶片没有类似轴流压气机叶片的标准厚度分布可用,厚度选取主要参考已有成熟型号研制经验,且要综合强度、振动以及加工工艺水平。

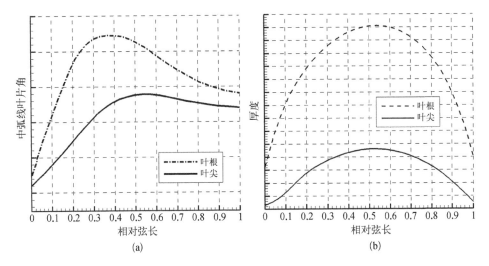

图 2.39　离心压气机叶片角与厚度分布

为完全确定整个离心叶轮的叶片形状,在获得根尖叶型后,需要确定根、尖叶型在周向相对位置及叶片生成线的运动规律。根、尖叶型周向相对位置的确定以叶片工作时的变形及应力最小为原则。离心叶轮进口叶片展向高度最大、叶片厚度最小,最可能产生大的变形及由此带来的高应力,一般以根、尖截面叶型前缘点在同一径向平面内来确定根、尖叶型周向相对位置。在此基础上,通过调整叶片角变化规律,设计叶片出口位置周向倾角。

叶片生成母线的运动规律有多种表示方法,这里采用生成线在子午面上的投影和垂线的夹角 A 沿叶片叶尖子午弧长的变化的表示方法,如图 2.40 所示。为保证叶片的加工性能及叶片的光滑性,A 角的变化必须光滑、均匀。

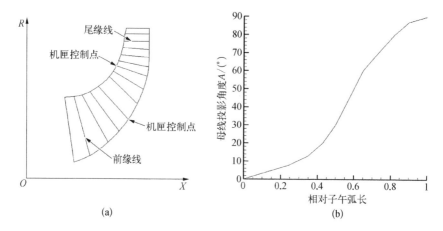

图 2.40 A 角沿叶片叶尖子午弧长分布示意图

近年来,随着人们对叶轮机流动机理的深入探索和加工制造工艺的提高,一种采用复合弯掠的自由曲面叶轮得到迅速发展,该方法采用多个截面控制不同叶高叶型,同时应用非线性厚度分布、复合弯掠设计,更好地控制离心叶轮前缘波系,提高叶轮效率水平,如图 2.41 所示。

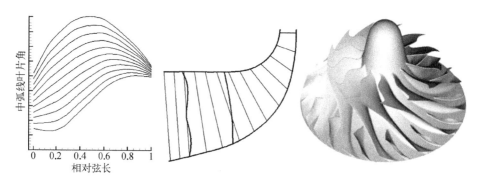

图 2.41 离心叶轮叶片角、子午流道投影以及自由曲面叶轮模型图示

3) 径向扩压器叶片造型

受扩压器外径尺寸的约束,组合压气机基本不使用无叶扩压器,主要采用叶片式扩压器。对于传统的径向扩压器,叶片沿叶高不同造型截面采用相同叶型,叶片从根到尖为直叶片设计。径向扩压器叶片造型的叶片弦长主要受叶片出口半径与进口半径比值 R_4/R_3 约束,该比值通常在离心压气机一维设计阶段根据性能需求和结构尺寸要求确定。与轴流压气机叶片造型类似,径向扩压器叶片造型需要根据进口几何角 α_{3A}、出口几何角 α_{4A} 确定中弧线首尾两端的叶片角(图 2.42),进而给定中弧线叶片角分布,在此基础上叠加给定的厚度分布生成造型截面叶型型线。叶片进口几何角 α_{3A} 由进口气流角 α_3 和攻角确定。

随着对离心压气机内部流动认知的不断加深,基于任意中弧线造型方法获得的三维径向扩压叶片由于能够更好地适应离心叶轮出口复杂流动,逐渐应用于高性能组合压气机设计当中。与传统的扩压器叶片造型类似,三维径向扩压叶片仍然需要基于一维设计获得叶片出口半径与进口半径比值 R_4/R_3、进/出口几何角等参数,只是沿叶高不同造型截面采用不同的中弧线叶片角分布,通过不同造型截面中弧线叶片角的任意设计,形成可适应不同叶高位置来流特征的定制叶型,并在此基础上引入三维弯掠设计思想以实现对扩压器叶片通道内部流动的进一步控制。与传统直叶片相比,三维径向扩压器叶片进口呈明显的三维特征,如图 2.43 所示。

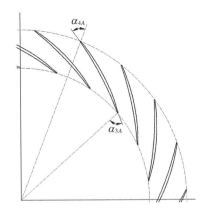

图 2.42　径向扩压器叶片叶型图示

图 2.43　三维弯扭扩压器叶片实物展示

2.4　三维数值计算分析

三维数值计算能够较为准确地模拟压气机的内部流动,并获取压气机内部三维流场特征,主要包括压气机总性能参数、各排叶片气动参数的展向分布、叶片表面的压力分布、极限流线图、马赫数云图、速度矢量图等,并为压气机部件设计的优化、改进提供数据支撑。三维数值计算方法在压气机设计中的应用,使一些先进设计技术的作用得到了充分的发挥,如弯掠叶片、大小叶片等,大幅度提高了压气机级负荷与性能,加速了高负荷、高性能压气机的研究进展。

2.4.1　三维数值计算方法

国外从 20 世纪 80 年代末就开始了叶轮机全三维定常流动计算问题的研究,主要是采用叶排间掺混平面模型,开展多级压气机和涡轮的三维定常流数值计算研究。80 年代末到 90 年代初,由于高性能计算机日益普及,数学计算方法飞速发展,应用数学与流体力学的结合越来越紧密。随着时间推进,求解方法、高精度空间和时间离散方法等日益成熟,加速收敛技术的应用和能够初步满足工程应用的湍流模型的出现,使得数值求解雷诺平均的全三维定常 N-S 方程组不仅成为可能,而且越来越实用,从而出现了一批叶轮机全三维定常黏性数值模拟程序。三维定常黏性数值模拟摆脱了对大量经验数据的依赖,突破了以往只有通过实验才能获得比较可靠的压气机内部流动信息的局限,为压气机内部流场分析和工程设计提供了一种重要的手段。

三维数值模拟计算方法有多种,包括雷诺平均纳维-斯托克斯(Reynolds average Navier-Stokes,RANS)方法、直接数值模拟(direct numerical simulation,DNS)方法、大涡模拟(large eddy simulation,LES)方法、非线性谐波(nonlinear harmonic,NLH)法等。但工程界应用最广泛的仍是 RANS 方法,使用的软件包括商业软件,也包括国产自主知识产权多任务气动仿真(multi-purpose aerodynamic prediction,MAP)软件。三维数值计算一般由三部分组成:前处理、求解器和后处理。前处理用于计算域的离散,主要包括网格的划分、边界条件和数学模型的给定。求解器在基于前处理的设置基础上,进行数值迭代计算。后处理将计算结果进行图形化显示、分析和处理。

三维数值计算中计算域的选取、网格划分、边界条件的定义以及湍流模型的选取等都对计算结果有很大的影响,是三维计算需要特别重点关注的。

1. 网格划分

组合压气机计算网格可采用结构化网格,也可用非结构网格。由于结构化网格能够更好地保证模拟的准确性,且相应的流场求解器计算效率更高,此外结构化网格已经可以很好地对计算域进行离散,因此组合压气机计算一般都采用结构化网格,典型组合压气机三维计算网格如图 2.44 所示。

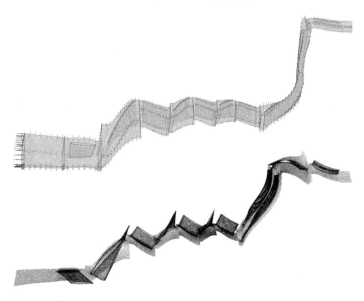

图 2.44　计算网格示意图

总体而言,对于 RANS 模拟,网格和计算域的设计原则如下。

(1) 计算域进出口应设计在流动均匀性好的位置,通常计算域进口距离首排叶片前缘 1~2 倍弦长,出口距离末排叶片尾缘 2 倍以上叶片弦长。

(2) 叶片表面和端壁的网格密度需要尽量保证,以确保能够很好地分辨叶片表面边界层和端壁边界层中流场变量的梯度。网格加密程度与选择的湍流模型有关,在经验不足时,计算完成后应当检查壁面第一层网格 $y+$ 的大小是否满足湍流模型的要求。

(3) 对叶片前尾缘、叶尖间隙、叶片根部倒角等细节结构,在几何建模上应尽量与实际结构一致,同时计算网格应保证对细节结构及其周围的流场有足够的空间分辨率。

(4) 在流动梯度较大的区域尽量保证网格正交性和局部加密程度,如通道激波区域、叶片排尾迹区、叶尖泄漏涡区域、角区旋涡区域等。另外,网格密度和质量应当与流场求解器中具体的空间离散格式相匹配,以降低网格质量对格式精度的影响。

(5) 计算网格应当方便在进出口边界、周期性边界、转静子交界面等处定义边界条件。

2. 边界条件定义

与常规风扇/压气机一样,组合压气机数值计算中的边界条件主要有进口、出口、壁面、周期性边界、转静交界面等。

(1) 进口边界条件:由于组合压气机的进口轴向马赫数均小于 1,通常是给定进口绝对总压、绝对总温、周向和径向气流角四个参数。

(2) 出口边界条件:当子午流场亚声速时,通常给定压力出口边界条件。由于流出的气流周向绝对分速度通常不为 0,常见的做法是给定径向某处的压力,利用径向平衡通过周向平均的密度和速度获得径向压力分布。

(3) 壁面边界条件:分为滑移条件和无滑移条件,滑移条件一般只用于无黏流动模拟,无滑移条件则用于黏性流动模拟。对于壁面处密度和压力的确定还需要两个附加条件,组合压气机通常使用壁面处给定的压力梯度条件和壁面绝热条件。

(4) 周期性边界条件:周期性边界是压气机三维模拟中一种常见的特殊边界。当只用非全环计算域进行定常/非定常模拟或采用时间/空间周期性流动的建模方法进行模拟时,都涉及在周向边界处定义周期性边界条件。对于定常模拟,一般可以设置简单周期性边界条件,即周向上一侧边界处的流场变量等于对面一侧的流场变量。

(5) 转静交界面:存在相对运动的转静交界面是叶轮机中特有的一类边界。对于定常模拟,转静交界面常用边界条件方法有冻结转子法和掺混面方法。对于非定常模拟,转静交界面则需要采用非连续对接边界的参数传递方法(如插值或数值积分方法)进行信息交换。

3. 初场给定方法

组合压气机的三维流场模拟是初边值问题,在模拟前需要给定合适的初场,否则可能得不到正常工作状态下的解。

对于定常流场模拟,合适的初场给定主要有两种方法。第一种方法是给定进口总温总压、叶片排进出口气流角(或用叶片排几何角近似)、各排叶片出口压力展向分布条件,再利用沿流线转子转焓不变、静子总焓不变等简化假设,即可计算出子午流场参数的初始分布,并认为周向流场参数均匀,即得到初场。

第二种方法则是模拟了组合压气机从低转速至设计转速的起动过程,即在一定迭代步数内,让组合压气机从低转速开始,逐步提升转速,出口反压同样逐步提高,直至目标转速,然后将在此过程中获得的流场模拟结果作为初场。

如果已经获得了组合压气机一个工作点的流场解,则可以将该流场作为下一个工作点流场模拟的初场。

4. 流场计算准确性评价及应用原则

影响三维数值计算准确性的主要误差可分为数值计算本身的误差和应用误差两类,前者主要包含流动模型(湍流模型、转静子交界面模型等)和数值格式误差,后者主要包含网格空间分辨率、边界条件不确定性、对几何和流动细节的考虑等方面的误差。

即使不能明确以上哪个方面的误差占据了主导地位,但从所涵盖的范围而言,应给予三维数值计算在应用过程中的误差以足够的重视。一般在工程应用中可从以下几个方面降低计算误差的影响。

(1)开展全面的校核计算,根据需求在不同阶段针对不同的设计工作和不同种类的计算工作选取不同的计算模型和方法。

(2)与同类别的压气机计算性能进行相对比较。如压气机种类相同、级数相同、负荷相近、转子叶尖切线速度相近、轮毂比相近及叶片展弦比接近等。

(3)对压气机的结构细节开展建模和仿真计算。应当尽量让计算模型接近真实模型,尤其是对倒圆/倒角、叶片热态变形、转静子热态径向间隙和篦齿封严容腔效应等进行细致的分网和计算,同时积累计算修正经验。

2.4.2 三维数值计算结果分析

三维数值计算需要对流场参数进行监控,以判断数值模拟是否收敛。收敛性判断标准:当前计算步的流量、压比、效率与100步前的量之差小于 10^{-6} 时认为计算收敛;三个性能参数的变化趋势或残差下降三个数量级认为计算收敛;三个性能参数的残差维持在一个值的附近波动或基本平直,且流量波动幅值小于 0.5%,压比波动幅值小于 0.05%,效率波动幅值小于 0.05%。常规计算三者判据满足其一认为收敛,对于存在特殊结构、细节机构和特殊工质的计算可以考虑适当放宽标准。

当计算收敛之后,需要通过后处理模块检查流场壁面的 $y+$ 值是否满足湍流模型的要求,若不满足,需返回修改网格,重新生成网格后计算。

检查流场参数的连续性,若有压力或速度矢量的分布存在不连续的层次跳跃情况(激波位置除外),说明该位置网格分布出现问题,需返回网格划分修改。

压气机的气动特性数据主要包含总特性和级间周向平均的特性参数沿展向的分布等。压气机三维数值计算收敛后,在后处理中将计算结果以图形、图表、数值形式输出。

常用的有 S1 流面流场分布、周向平均后子午面流场分布、S3 面流场分布、沿流向的法向方向截面上的流场分布、叶片表面压力分布和极限流线、每排叶片进出口气动参数沿径向分布、导叶调节规律及各转速特性曲线。

下面以某组合压气机为例,展示了部分三维数值计算结果。

如图 2.45~图 2.47 分别给出了组合压气机气动性能、轴流级压气机气动性能和离心级压气机气动性能,图中实心圆为设计点。从总气动性能曲线来看,设计点位于峰值效率点右支,这既保证了有较高的效率,也保证了有大的稳定工作裕度。

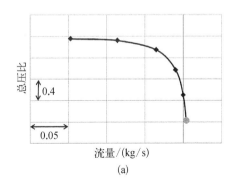
(a)

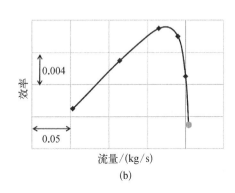
(b)

图 2.45　组合压气机计算特性

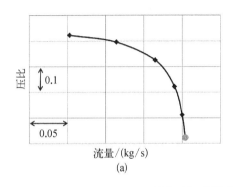
(a)

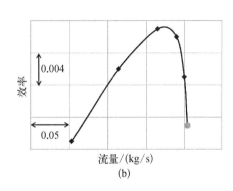
(b)

图 2.46　轴流级压气机计算特性

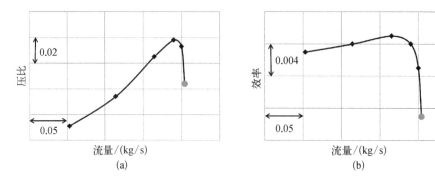

图 2.47　离心级压气机计算特性

与设计值进行对比,可以判断 CFD 计算评估性能是否满足总体性能要求。另外,通过轴流级和离心级压气机气动性能曲线分析可以获得其设计匹配情况。可以看到轴流级匹配在峰值效率点右支,而离心级同样匹配在峰值效率点右支但更接近峰值效率点。

　　相对马赫数云图主要用于分析流场中流动情况,包括激波大小及其位置,叶表附面层分离及叶片尾迹掺混等。图 2.48 给出了设计点根、中、尖叶高截面相对马赫数云图,从图中可以看出,在 5% 叶高,轴流级静子由于间隙泄漏流与主流掺混形成了一定的低速区,但如速度矢量图所示,气流并没有发生反向,也没有形成旋涡;而径向扩压器内由于流道的扩张,低速区内产生旋涡,但由于气流马赫数较低,所以对流场的影响相对较小。而在 95% 叶高,在离心叶轮叶尖出现了由于间隙泄漏流与主流掺混形成的低速区,但很快被主流推向下游。且该低速区会向下游延伸,甚至在 50% 叶高上仍然存在相应的流动痕迹。综合以上对马赫数云图的分析,可以发现叶片排内部的流动现象合理,径向扩压器因为流道扩张出现了一定的分离,但因为马赫数较低,对流场的影响较小,满足设计的需求。

　　转、静子进出口气流角沿径向分布的分析主要用于分析 S2 流面设计结果与三维叶片设计结果的吻合程度。前期通过平均参数设计和 S2 流面设计已经完成了组合压气机各级的初步匹配,三维叶片设计则是在此基础上进行的,因此转、静子进出口气流角应尽量与 S2 结果保持一致。图 2.49 给出了某组合压气机的第一级转、静子叶片进出口气流角沿径向分布与 S2 结果对比,图中根、尖区域 S2 和 CFD 存在差异的原因是: S2 不能考虑根、尖间隙及附面层的影响,在分析过程中,主要对比和关注中间主流区域的气流角即可。

　　由于 S2 流面反问题设计过程转子压比和效率以及静子总压恢复系数是给定的,CFD 结果与之对比主要是用以考察三维造型设计结果与 S2 流面设计结果的符合性,在趋势上是否保持一致,如图 2.50~图 2.52 给出的转子压比、效率沿径向分布和静子总压恢复系数沿径向分布。

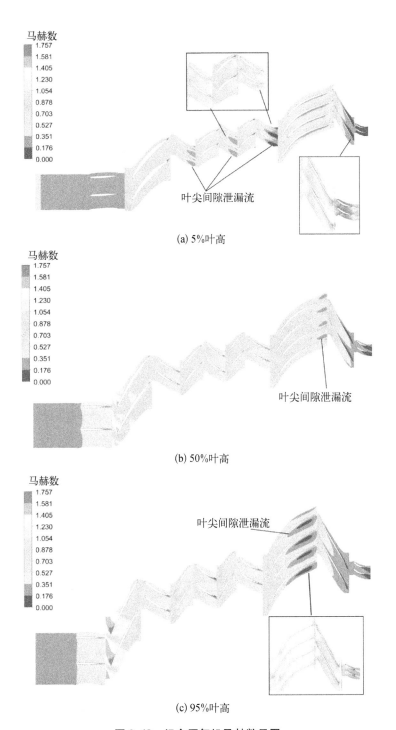

(a) 5%叶高

(b) 50%叶高

(c) 95%叶高

图 2.48　组合压气机马赫数云图

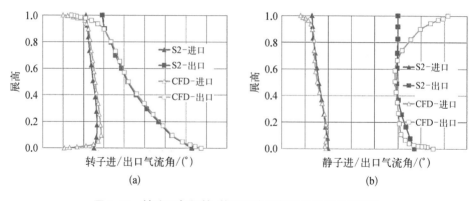

图 2.49　轴流压气机转、静子进出口气流角径向分布对比

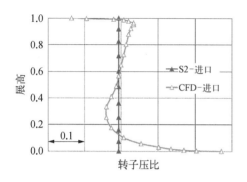

图 2.50　转子总压比沿径向分布图

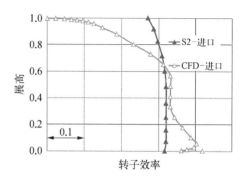

图 2.51　转子效率沿径向分布

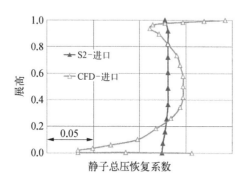

图 2.52　静子总压恢复系数沿径向分布

　　叶片表面静压分布主要可以分析叶片加载方式及叶片载荷分布是否合理,图 2.53 给出了某离心叶轮和径向扩压器 50% 叶高叶表相对静压分布(相对进口大气压),可以看到:离心叶轮叶片为后加载,这样有利于离心叶轮效率的提高。径向扩压器叶片为前加载,在前缘加载可以迅速降低马赫数,从而有效减小扩压器后面的流动损失。

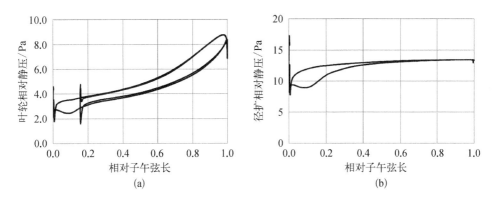

图 2.53　某离心叶轮、径向扩压器 50%叶高叶片表面相对静压分布

为保证组合压气机在全转速范围内稳定工作,常采用导叶可调方式拓宽其稳定工作范围,图 2.54 给出了某组合压气机导叶调节规律以及全转速特性曲线。

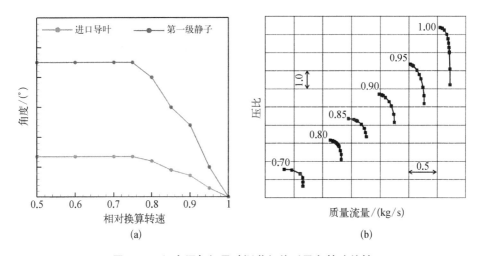

图 2.54　组合压气机导叶调节规律以及各转速特性

2.5　气动扩稳设计

2.5.1　非设计工况下的级间不协调性

当空气流过压气机时,其密度逐渐增加,速度逐渐降低,因此压气机出口处的流通面积必须比进口处的小。从进口到出口,子午面内的流通面积逐渐减小以适应密度的变化,然而通流截面面积和流过它们的空气密度完全适应只有在设计条件下才能达到。在非设计条件下,压气机出口处的空气密度和进口处的空气密度之比将发生变化,在通流截面面积不变的条件下,会使轴向速度沿压气机的流程部分发生变化,使一些级的工作状况与最佳的设计状况发生偏离。如当压气机的转速变化或增压比变化,都会导致流量系数 $\overline{C}_a(\overline{C}_a = C_a/u)$ 的改变,从而各级的攻角也相应发生变化。大的正攻角会导致流动分离、失速甚至喘振,而大的负攻角会导致压气机堵塞。下面分析压气机非设计工况的工作特点,将气体运动的连续方程应用到第一级和最后一级的进口:

$$m_a = A_1\rho_1 c_{1a} = A_z\rho_z c_{za} \tag{2.46}$$

其中,m_a 为质量流量;下标 1、z 为压气机第一级和最后一级的进口截面符号;A 为各级进口面积;ρ 为密度。由公式(2.46)可得

$$\frac{c_{1a}}{c_{za}} = \frac{A_z\rho_z}{A_1\rho_1} \tag{2.47}$$

根据多变关系,$p/\rho^n = \text{const}$,将密度之比用压力之比来代替,同时由于压气机面积之比为常数,因此有

$$\frac{c_{1a}}{c_{za}} = \left(\frac{p_z}{p_1}\right)^{\frac{1}{n}} \cdot \text{const} = \pi_z^{\frac{1}{n}} \cdot \text{const} \tag{2.48}$$

对于单转子压气机,各级圆周速度之比为常数,即 $u_1/u_z = r_1/r_z = \text{const}$,所以,

$$\frac{c_{za}/u_z}{c_{1a}/u_1} \cdot \pi_z^{\frac{1}{n}} = \frac{\overline{c}_{za}}{\overline{c}_{1a}} \cdot \pi_z^{\frac{1}{n}} = \text{const} \tag{2.49}$$

由公式(2.49)可知,当压气机转速下降时,增压比 π_z 的减小,使得 $\overline{c}_{za}/\overline{c}_{1a}$ 加大,第一级后面各级进口处的流量系数要比 $\overline{c}_{1a}$ 下降慢,从压气机前面级到后面级,各级的流量系数降低越来越少,最终使得前面级的流量系数降低,中间级的流量系数接近设计值,后面级的流量系数增大,由此导致前面级有较大的正攻角,使得前面级首先出现不稳定工作状态,而后面级有较大的负攻角,有可能使得后面级进入涡轮工作状况,并产生气流堵塞,形成"前喘后堵"。相反,当换算转速高于设计值时,会出现"前堵后喘"。

2.5.2 气动扩稳原理

由 2.5.1 节分析可知,在中、低转速情况下,组合压气机会存在前喘后堵的现象,如果不采取相应措施,压气机就会在发动机转速上升的过程中发生喘振现象。为保证组合压气机在全转速范围内稳定工作,拓宽其稳定工作范围,常见的组合压气机扩稳设计方法有可调叶片设计、级间放气设计、处理机匣设计等。

调节进口导叶和静子叶片来防止喘振,实质上是在非设计工况时改变压气机进口速度三角形上的预旋速度,从而改变相对气流 W_1 的方向,并使其接近设计值。

例如,当压气机在低换算转速下工作时,第一级转子的进口气流攻角很大,可能导致流动不稳定现象,通过将进口导叶旋转一个角度,使得进口气流速度 c_1 的方向朝着转子旋转的方向偏斜,这样就改变了转子进口处的速度三角形,使得转子进口相对气流的方向基本上与设计状态的进气方向一致,进而缓解转子大的正攻角状态,从而避免压气机在低工况时出现失速和喘振,反映在性能图上,原来在 A 点工作的压气机,在调节叶片转角后变成在 A' 点工作,使得工作点远离边界线,如图 2.55 所示。

级间放气扩稳原理是改变进入压气机的气流轴向速度,即改变进入压气机的空气流量。当压气机在低换算转速下工作时,压气机的工作特点是“前喘后堵”,即前面级压气机在大的正攻角工作,而后面级压气机在大的负攻角下工作。如果在压气机的中间级处放走一些空气,就可使压气机脱离“前喘后堵”的状态。当打开中间放气系统时,减小了空气流路的阻力,前面级压气机流量增加,轴向速度增加,正攻角减小,如图 2.56 所示,压气机退出喘振工作状态而进入稳定工作状态。此外,压气机后面级即放气系统后面的级因为前面放走了气体,气流攻角增加,远离堵塞状态,如图 2.56 所示。因此,放气的结果使得压气机前后各级均朝着有利的工作状态变化,改善了压气机非设计工况下的工作稳定性。如图 2.57 所示,放气后压气机喘振边界在中低换算转速范围内明显左移。

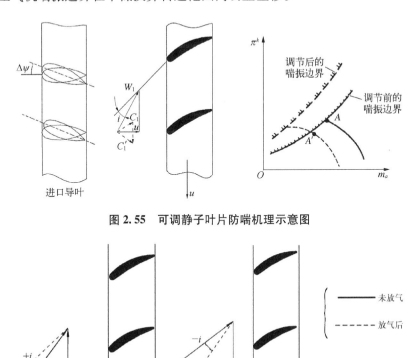

图 2.55　可调静子叶片防喘机理示意图

图 2.56　放气机构防喘机理示意图

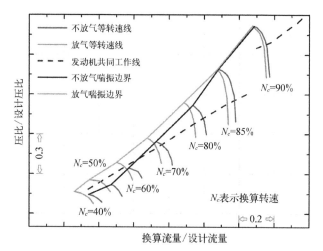

图 2.57　某压气机流量-压比特性

　　机匣处理作为结构简单且可有效扩大压气机稳定工作范围的方法,已经广泛应用于航空发动机压气机上。对于组合压气机的轴流级,通常压气机失速首先发生在第一级转子尖部区域,而机匣处理就是在正对压气机第一级转子叶片排顶部的机匣上开有不同形式的槽、缝或孔,以达到改善转子叶尖气流流动,推迟失速的发生,从而实现扩大稳定工作范围的目的,如图 2.58 所示。其具体流动扩稳机理在于影响与它邻近的叶排通道的流场,在它们之间进行流体的质量和动量的交换,对叶片排通道中的低能气流有激励作用,推迟或延缓了尖部区域堵塞的发展和壮大(图 2.59),从而推迟了失速的发生,实现扩稳,而交换的剧烈程度与处理机匣的结构形式有着密切的关系,交换越剧烈,扩稳效果越佳。

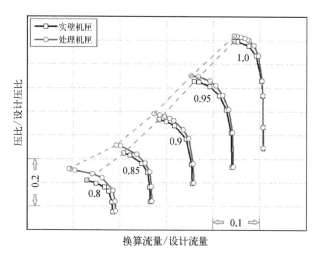

图 2.58　有无处理机匣对应的某压气机流量-压比特性

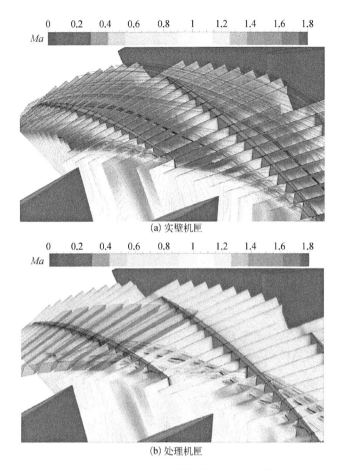

(a) 实壁机匣

(b) 处理机匣

**图 2.59　近喘点工况下某压气机第一级转子
叶顶处相对马赫数分布云图**

2.5.3　气动扩稳设计与分析

1. 可调叶片设计

可调叶片设计的关键在于获得合适的叶片调节规律,图 2.60 为某进口导向叶片与第一级静子叶片两级可调的组合压气机可调叶片调节规律,在相对换算转速 $n = 0.7$ 时,进口导向叶片与第一级静子叶片处在最大关闭状态,随着转速提高,进口导向叶片与第一级静子叶片按一定规律逐渐打开。

在设计阶段,通常采用三维数值模拟方法,获得初始的调节规律,实际组合压气机研制经验

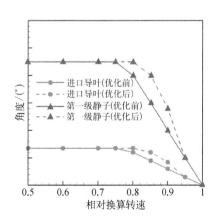

**图 2.60　某压气机优化前后
叶片调节规律**

表明,按照设计的规律进行试验验证,特性图上通常在中低转速出现代表裕度不足的"凹坑"现象。因此,在试验阶段,还会进行调节规律优化试验,以获得最佳调节规律,使得压气机在中低转速具有满足总体要求的裕度,消除图 2.61 所示的"凹坑"。

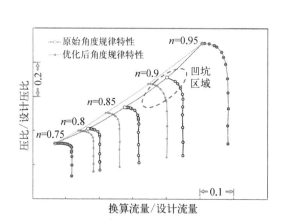

图 2.61 不同可调叶片调节规律下某压气机流量-压比特性对比

图 2.62 组合压气机放气示意图

2. 放气规律设计

压气机放气规律设计的关键参数主要有放气位置和放气流量。其中放气位置需要结合压气机中低转速内部流场确定,典型的组合压气机放气位置通常在轴流压气机与离心压气机之间,如图 2.62 所示。而针对放气量,通常在给定的换算转速下,存在最佳的放气量使得压气机的性能(包括峰值效率和喘振裕度)最优。如图 2.63 和图 2.64 所示,某换算转速下,数值模拟研究表明,在 10%左右的放气流量下,某压气机在某换算转速下的峰值效率和综合喘振达到最大。同样,放气量规

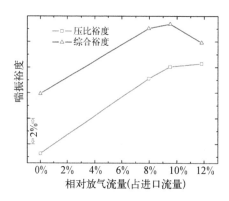

图 2.63 某换算转速下压气机喘振裕度随放气量的变化

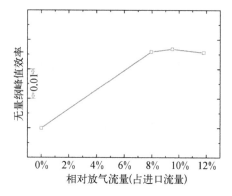

图 2.64 某换算转速下压气机峰值效率随放气量的变化

律也可经过试验进行优化。

　　放气活门的开闭动作可由组合压气机出口压力与进口压力的比值或者压气机相对换算转速决定。图 2.65 给出了基于相对换算转速控制放气规律,当小于转速 n_1 时,放气阀完全打开;大于转速 n_2 时,放气阀关闭;转速介于 n_1、n_2 之间时,放气阀的面积线性变化。

　　3. 处理机匣设计

　　大量实验研究表明,有效的传统机匣处理结构形式主要有两大类:一类是"槽类"机匣处理,其特点为机匣处理开槽的方向是沿着压气机转

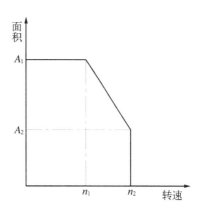

图 2.65　放气阀的调节规律

子的圆周方向,因而槽中的气流也被限制在圆周方向;另一类是"缝类"机匣处理,其开缝的方向主要沿着轴向,或与轴向成一定的偏斜角。根据大量的实验结果统计,"槽类"机匣处理和"缝类"机匣处理的扩稳效果特点是:"槽类"机匣处理的失速裕度改进量相对较小,但处理后峰值效率的变化不大,若设计得当,甚至可以略微提高;而"缝类"机匣处理的情况则不同,其失速裕度改进量比"槽类"机匣处理大,但往往伴随着压气机效率降低。

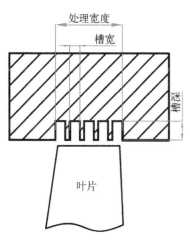

图 2.66　周向槽处理机匣结构关键设计参数示意图

　　周向槽机匣处理是最早的机匣处理技术之一,众多的研究结果表明,对压气机性能有着显著影响的周向槽机匣处理结构关键设计参数主要包括处理机匣的轴向范围、处理机匣槽宽和处理机匣槽深,如图 2.66 所示。这些关键设计参数的推荐取值为:① 周向槽机匣处理的轴向范围(处理宽度)应包括大部分叶尖轴向投影区域,有效周向槽结构的开口面积应达到 65%~75%;② 周向槽槽深至少为槽宽的 3 倍;③ 槽深与转子叶尖栅距之比至少大于 0.15。

　　缝式处理机匣的研究结果表明,对压气机性能有着显著影响的缝式机匣处理结构关键设计参数主要包括处理机匣轴向叠合量、处理机匣缝与轴向夹角、处理机匣缝宽和处理机匣缝深(图 2.67)。这些关键设计参数的推荐取值为:① 处理机匣缝在轴向方向的处理范围小于或等于叶尖轴向弦长,处理位置在转子正上方或前上方;② 处理机匣缝与轴向夹角取值 45° 或 60° 为宜;③ 处理机匣缝深在 5~15 mm 均可;④ 处理机匣的开缝面积通常占表面积的 2/3,缝宽为缝间距的 2 倍。

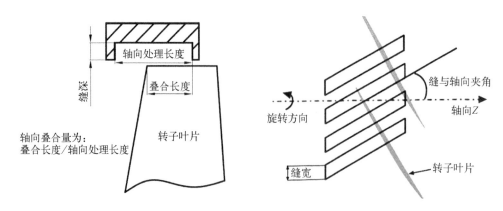

图 2.67　缝式处理机匣结构关键设计参数示意图

　　值得说明的是,随着高性能压气机设计技术的发展,以上的处理机匣设计相关准则和影响规律并不一定完全适用。因此,在针对特定的组合压气机进行处理机匣设计时,需要结合相关流场,针对处理机匣结构关键设计参数进行深入研究,在尽可能减小压气机效率下降的前提下,实现组合压气机稳定裕度增幅最大化。同时,尽管机匣处理的作用效果在大量的试验研究中得到了证实,但并非在所有场合均能发挥扩稳作用,只有作用在当地流动堵塞及分离迅速增长的区域,机匣处理才能体现其扩稳效果。因此,对于转子叶尖由于泄漏流动引发流动失稳的压气机,机匣处理通常能够起到较好的扩稳效果;而对于轮毂附近角区分离流动引发流动失稳的压气机,机匣处理便失去了改善压气机稳定性的能力。

　　此外,随着处理机匣研究的不断发展,研究人员针对传统的缝式处理机匣进行改装,设计了一种自适应循环流通处理机匣,由喷气、桥道、引气三个部分组成,如图 2.68 所示。该自适应循环流通处理机匣不仅可以扩宽稳定工作范围,还可以略微提高压气机的效率,如图 2.69 所示。总体而言,自适应循环流通处理机匣的关键设计参数主要包括喷气角度、喷气位置、喷嘴数目、引气几何结构、引气位置等。而与传统机匣处理扩稳机理不同,自循环机匣处理扩稳机理主要依靠转子前后的压力差来驱动气流流动,加之特定的循环喷嘴结构,实现气流在自循环喷嘴出口以高速喷射汇入主流,从而抑制叶顶泄漏涡的发展,降低叶顶区的堵塞程度,并最终实现扩稳。

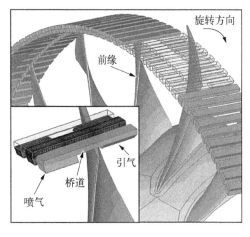

图 2.68　自适应循环流通处理机匣示意图

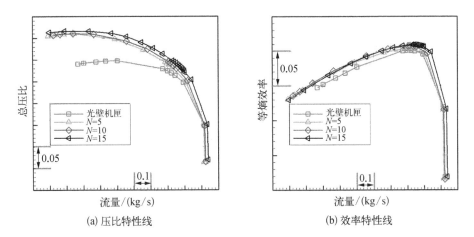

(a) 压比特性线　　　　　　　　　　(b) 效率特性线

图 2.69　自适应循环流通处理机匣喷嘴数目对某压气机特性线的影响

第3章
组合压气机结构设计

组合压气机结构设计是在压气机气动布局和发动机总体尺寸、重量、寿命、可靠性等指标的限制下，综合考虑安全性、维修性、测试性和环境适应性等与结构相关的要求，按规定的设计流程对压气机叶片、轮盘、机匣、轴、连接件等开展结构设计工作，以满足发动机的使用要求。

按功能分类，组合压气机结构设计内容包括支承系统、转子系统、传力（静子）系统、可调系统、引气系统、封严系统、通用质量特性和经济性分析等；按结构件分类，组合压气机结构设计内容包括轴流叶轮、离心叶轮、静子叶片或整流器、叶轮外罩、扩压器、轴流（扩压）机匣、中心拉杆等。

3.1 结构特点及设计准则

组合压气机的结构形式，从总体看与大型发动机压气机的结构有很多相似之处，均是由转子、静子和支承系统等构成的；不同的是组合压气机拥有离心叶轮、叶轮外罩和扩压器等具有自身特点的零部件。组合压气机结构具有以下主要特点。

（1）大量采用整体结构，结构简单、零组件数量少。如将转子叶片与轮盘做成一体，形成叶盘结构；将静子叶片与外环（含封严构件）焊接或冲铆或铸成一体，构成整体的整流器。

（2）转子零件间广泛采用圆弧端齿定心、传扭以及中心拉杆拉紧的结构形式。如果结构允许，也可采用圆柱面定位，多个螺栓连接所有转动件，靠端面摩擦力传扭的形式。

（3）转子支承系统常采用弹性支承加挤压油膜阻尼器的结构形式。

组合压气机结构设计是与发动机总体结构方案密切关联的，而且它必须满足发动机总体性能的要求、发动机总体结构的要求和压气机气动的要求。

组合压气机的结构设计准则主要包括遵循可靠性、经济性、工艺性、环境适应性等选材原则；具有足够的强度储备，满足安全性与可靠性要求；流路气动损失小;转子零部件应准确定心和可靠连接,刚性好,变形小;按需提供对于非正常工作和意外事故的保护措施;提供足够的高、低循环疲劳寿命;在满足零件的强度、刚度、振动、寿命要求的条件下,尽量减轻重量;力求结构简单,工艺性好,综合成本低。

3.2　结构布局设计

组合压气机结构布局设计是在发动机总体方案和压气机气动设计的基础上开展压气机总体结构方案设计的过程,其主要目的是确定压气机总体结构布局图,为后续的转静子结构设计及结构设计分析提供输入和依据。

3.2.1　结构布局介绍

组合压气机结构布局设计依据主要包括:压气机气动流道;发动机接口界面及轮廓限制;发动机连接要求;发动机装配/分解要求;成附件(如放气活门、调节作动筒等)安装接口;滑油系统内部油路及润滑喷嘴位置安排;空气系统流路。

设计过程中,除了满足上述输入要求,还应考虑结构通用性要求,如满足强度和刚度要求,体积小、重量轻,加工及装拆工艺性好,结构上有明显的防错措施等;同时,结构设计时尽可能借鉴国内外先进压气机的技术和经验,并优先选用成熟的结构及材料。压气机结构布局设计应采用精确尺寸设计(即所有尺寸应是经过设计考虑的、圆整的,除气动流道尺寸外一般不宜超过两位小数)。

组合压气机常用的结构布局如图 3.1 所示,一般分为转子及支承结构、承力结构、调节机构(用于静子叶片、放气活门等)、滑油系统、空气系统等。

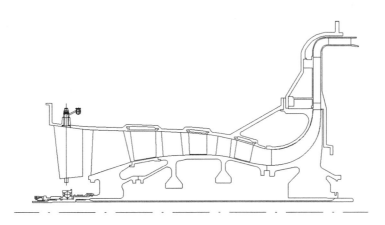

图 3.1　组合压气机结构示意图

3.2.2　转子及支承结构

根据压气机气动流道、叶型参数和发动机接口界面,开展转子及支承结构的布局设计。叶片由气动数据生成,一般来说转子轮盘的轴向对称线应位于叶型质心线上。轮盘的几何形状应考虑加工可行性,零件具体尺寸则需考虑强度、刚度等影响。轮盘设计还要考虑单件及转子组件动平衡的要求,结构布局设计时应确定平衡方式及其平衡增/去料位置。各级轮盘之间连接形式(如螺栓连接、端齿连接、过盈止口连接、整体焊接等)可借鉴国内外压气机设计的先进技术与经验。根据转子件连接方案,考虑加工、装配可行性,确定转子零件的轴向尺寸。转子零件轴向尺寸的选择主要考虑三个方面:轴向长度不宜过大,以免影响轮盘毛坯的锻制;结构分界面应给气动分界面留出一定的余地,利于后期调整;考虑产品改进改型的需要。在轮盘结构、连接方案、零件轴向尺寸等确定的条件下,完成组合压气机转子的布局设计。

组合压气机转子支承是由发动机总体结构设计提出的,经与压气机结构协调后确定。综合考虑总体结构布局及动力学特性,组合压气机转子支承方案常与燃气发生器转子一起考虑,燃气发生器转子常采用 $1-1-0$ 或 $1-0-1$ 的支承方案,即在压气机前设计有滚珠轴承,在压气机与高压涡轮之间或在高压涡轮后设计有滚棒轴承。

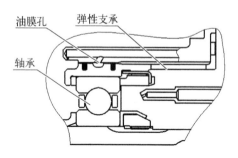

考虑到发动机工作时,转子的不平衡力通过支承结构传给机匣,使发动机产生振动。因此,原则上可以在轴承与支承结构间设置减振器,吸收振动能量,减少外传振动负荷与振幅,降低发动机振动。组合压气机转子一般采用弹性支承加挤压油膜的结构形式进行减振,如图 3.2 所示。

图 3.2　组合压气机弹性支承结构示意图

转子支承轴承及结构形式确定后,还应开展轴承布置及其安装结构设计、轴承冷却与润滑结构设计、防止滑油漏入气流通道以及防止高温气体漏入轴承腔的封严结构设计等内容,并结合发动机转子的转子动力学特性,完成转子支承结构的布局设计。

3.2.3　承力结构

组合压气机承力结构一般由进气机匣、轴流机匣和扩压机匣等组成,压气机转子通过安装在进气机匣上的转子支承结构完成前支点承力,扩压机匣则和热端的燃烧室机匣连接,后者通过过渡段机匣等一起完成燃气发生器转子后支点的承力。同时,各机匣还按需提供外部功能件、成附件、可调机构等接口。

根据压气机气动流道、叶型参数和发动机接口界面,以及转子及转子支承结构,开展承力结构的布局设计。

一般以压气机气动流道和发动机接口界面为设计基础,借鉴国内外压气机设计的先进技术与经验,确定承力结构方案;再考虑加工、装配可行性,确定承力结构各静子零件的轴向尺寸。承力结构方案和零件轴向尺寸的确定需考虑以下原则:尽可能采用整体化、集成化设计;考虑压气机进口到出口温度、材料实用性和压气机重量,选择合适的材料;结构分界面应给气动分界面留出一定的余地,利于后期调整;结构分界面还应考虑产品改进改型的需要。

在气动流道、分段方案、轴向分界尺寸等确定的条件下,设计静子零件的初步轮廓。静子零件的初步轮廓设计应考虑加工可行性、装配连接和强度、刚度、包容要求以及外部功能件、成附件的安装接口、空间等综合因素。

3.2.4 调节机构

在承力结构布局设计基础上,按照静子叶片角度调节或放气活门调节需求,开展调节机构布局设计。设计时,综合考虑静子件轮廓、调节精度、加工便利性等需求,选择调节机构的类型,并开展结构布局分析和安装、运动轨迹分析,确保其工作过程中与相邻件之间无干涉。

3.2.5 滑油系统和空气系统

压气机结构布局设计过程中,还应根据总体方案的要求,对相关的滑油系统、空气系统开展设计。

一般来说,压气机滑油系统主要包括压气机前端主轴承的供油及其减振油膜供油,部分型号还要考虑因发动机油路内置需要而布置在压气机零件上的油路系统,这些要求均应在结构布局设计上体现。

空气系统设计主要包括引气和盘腔结构处的二次气流的流动方向与流量,也应在结构布局设计上体现。

3.2.6 选材及工艺性分析

压气机结构布局设计应在适当位置标注出主要零件的初步选材;为支持选材方案,结构布局设计时需要标注出必要的温度数据。设计时应优先选用成熟可控的材料,同时兼顾考虑成本,选材时可参考《中国航空材料手册》,组合压气机常用材料清单如表 3.1 所示。

结构布局设计完成后,还应开展加工、装配、分解的工艺性评估,确认结构布局设计工艺合理可行。

表 3.1   组合压气机常用材料清单

序　号	零组件名称	材　料　牌　号	长时最高使用温度/℃
1	静子机匣类	ZTC4	350
2		ZG0Cr16Ni4Cu3Nb	320
3		ZG06Cr16Ni5Mo	500
4		ZG2Cr23Ni12W3Si	600
5		TC4	400
6		GH4169	650
7		GH706	700
8		GH2907	650
9	静子叶片类	0Cr16Ni5Mo1	500
10		1Cr13Ni	450
11		TC1	350
12		TC4	400
13		TC6	400
14		TC11	500
15		GH2132	650
16		GH4169	650
17	叶片盘、轴颈类	1Cr11Ni2W2MoV	350
18		13Cr15Ni4Mo3N	400
19		0Cr17Ni4Cu4Nb	500
20		1Cr12Ni3Mo2VE	500
21		TC4	400
22		TA11	450
23		TC11	500
24		TC17	400
25		Ti180	450
26		Ti60	600
27		GH4169	650

3.3   转子结构设计

压气机转子的主要功能是将压气机轴功率通过叶片转化为气动力,随着压气机气动载荷的不断提高,转子结构的机械载荷也不断增大。压气机转子基本设计要求如下:

(1) 各结构件要具有足够的强度,可承受高速旋转及过载飞行所产生的惯性载荷,并满足高速旋转时传递功率的要求;

(2) 转子结构几何构形和支承约束合理,具有良好的抗变形能力和轻的结构质量;

(3) 在全工作载荷环境下,转子系统构件间连接结构应保证稳定的定心和力学特性,并具有必要的刚性,以保证使用周期内转子结构系统不会产生过大的不平衡和变形;

(4) 具有良好的制造性能,装配方便,成本低廉;

(5) 便于维护和检查。

压气机转子设计需考虑零件结构设计(各级轮盘、叶片、轴颈等)、零件选材、强度设计、零组件工程图样设计、组合件设计(转子动平衡、转子动力学特性等)等全过程。本节重点对组合压气机转子部分主要零件的相关设计进行介绍。

组合压气机转子通常由轴颈、轴流叶轮、离心叶轮、中心拉杆以及相关的转动密封件等组成。中、小流量的组合压气机转子普遍采用圆弧端齿连接,并通过中心拉杆预紧。该种结构具有结构紧凑、定心精度高、重量轻、装配简单且重复性好的优点。然而,圆弧端齿的传扭能力较低,因此通常仅用于中、小流量的压气机,对于流量较大的组合压气机适合采用短螺栓进行连接。本节主要介绍用圆弧端齿连接,并通过中心拉杆预紧的转子形式。

图 3.3 是一种典型的组合压气机转子示意图,其中前轴颈与第一级叶盘为一体化设计,第二、三级双联叶盘采用了多级整体式设计,所有的叶盘通过各级轮盘两端的圆弧端齿进行连接,并通过中心拉杆进行预紧。

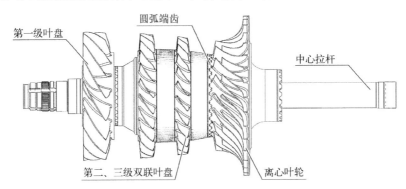

图 3.3   圆弧端齿与中心拉杆预紧的组合压气机转子示意图

3.3.1   整体轴流叶轮

组合压气机中的轴流叶轮通常为整体叶盘结构,即叶片与轮盘采用锻件机加的形式一体成型,可以为单级整体叶盘,也可以将多级轴流叶轮连接在一起,形成多联整体叶盘结构。该种结构省略了叶片安装用的榫头、榫槽结构、多级轮盘之间的连接结构,结构简单,可靠性高。对于多联整体叶盘,由于装配的需要,与对半式轴流机匣配合使用。

图 3.4(a) 给出了一种典型的带轴颈第一级轴流叶轮,该叶轮左侧轴颈用于安装轴承以及相关密封组件等,右侧设计有封严篦齿用于级间封严,并通过圆弧端齿与其他叶轮进行连接。

图 3.4(b) 给出了一种典型的双联轴流叶轮,采用多联叶盘设计可以省略级间的连接结构及封严结构,结构复杂程度显著降低,但对静子与轮毂面之间的间隙设计要求较高。

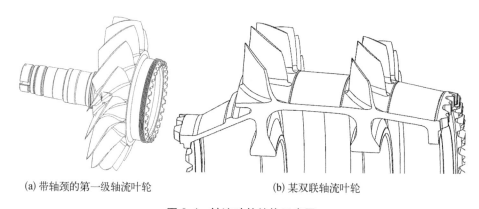

(a) 带轴颈的第一级轴流叶轮   (b) 某双联轴流叶轮

图 3.4   轴流叶轮结构示意图

轴流叶轮的典型特征包括叶片、盘体、中心孔、连接结构、平衡去材料结构等,下面进一步展开进行详细阐述。

1. 叶片

叶片部分是整体轴流叶片盘的主要故障源,单个叶片故障将造成整个零件报废。因此提高叶片结构设计的可靠性是叶片结构设计的关键[可靠性设计按《装备可靠性工作通用要求》(GJB 450A—2004)规定]。在整体叶片盘的结构设计中对叶片部分的设计主要应考虑如下几方面的因素。

1) 叶片在轮盘上的定位

根据气动计算所确定的叶片积叠轴位置确定叶片在轮盘上的轴向位置。设计时,尽可能将叶片质心线与转子轮盘轴向对称线重合,叶片在轮盘上周向均匀分布,但应确定一个角向起始位置,叶片积叠轴的位置度要求应按《叶片叶型的标注、公差与叶身表面粗糙度》(HB 5647—1998)规定确定。

2）叶尖尺寸和形状

叶尖与机匣间的工作间隙是影响压气机效率的重要因素之一，在叶片的结构设计中，应通过详细计算分析确定叶尖尺寸和形状，以保证叶片在不碰磨机匣的条件下能满足小间隙的工作要求。确定叶片冷态尺寸应考虑下列因素。

（1）考虑最高工作转速条件下，叶片和轮盘的复合变形对叶尖径向尺寸和轴向尺寸的变化影响。

（2）工作中叶片由于温度的变化所产生的热膨胀对间隙的影响。

（3）考虑轴承游隙、异常振动对叶尖尺寸的影响。

（4）具有较好的工艺性。

3）叶片与轮毂间的转接

叶片与轮毂间采用倒圆转接，圆弧半径的选择应根据整体轴流叶片盘强度计算结果选取，并考虑气动设计要求和加工工艺性。

4）叶片尺寸精度、几何公差、表面粗糙度

叶片尺寸精度、几何公差、表面粗糙度应符合《叶片叶型的标注、公差与叶身表面粗糙度》（HB 5647—1998）的相关规定。

2. 盘体

1）轮盘

盘体在轴流轮盘中的作用主要是提供转子叶片的支承，提高轮盘的刚度并限制轮盘的变形。对于结构均匀的单辐板轴流叶盘，一般将辐板设计在轮盘上叶片的重心位置，以保证轮盘的两端变形均匀；对双辐板的整体盘，辐板一般设计在靠近盘的两端面。轮盘辐板最小厚度截面、轮盘辐板厚度突变截面以及轮盘辐板上的螺栓孔等结构特征是强度薄弱部位（图 3.5），结构设计时应注意，并做好评估分析。

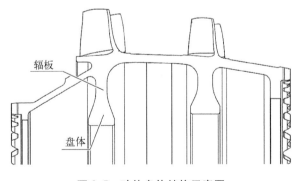

图 3.5　叶片盘体结构示意图

2）轴颈

第一级轴流叶轮可以与轴颈一体化设计，以减少端齿连接的数量，提高转子刚性。轴颈上一般设计有轴承的定位安装面、中心拉杆的螺纹安装位置、转动密封件配合面以及引气孔等结构。当第一级整体叶轮采用钛合金时,通常将轴颈独立出来,并采用钢制件,以增强其螺纹结构、轴承安装面等抗磨损能力,提高寿命。

3) 中心孔

为使中心拉杆从轮盘中心通过,满足转子的装配要求,轴流轮盘一般都设计有中心孔,中心孔设计时应考虑下列因素。

(1) 一般而言,中心孔位置应力最大,确定孔的轴向和径向尺寸时应考虑在满足中心拉杆的装配要求时尽量减小中心孔的直径。

(2) 当孔心应力过大而导致零件材料接近屈服时,应进行轮盘的寿命计算,保证零件的寿命要求。

(3) 中心孔一般也作为工艺和计量基准,在设计中应对其提出较高的几何公差和尺寸精度要求。

4) 连接结构

轴流叶轮与转子上其他零件的连接方式在总的方案设计时确定,必须满足定心、传递扭矩等要求,常用的连接方式有如下几种:圆弧端齿加中心拉杆预紧、定位止口加渐开线花键加中心拉杆预紧、过盈配合连接加中心拉杆预紧、螺栓连接。

由于对转子结构可靠性、转子各旋转件定位精度要求的提高,现代中、小型航空发动机广泛采用圆弧端齿定心传扭、中心拉杆预紧的连接形式。圆弧端齿的设计应尽量选用《圆弧端齿》(HB 7808—2006)或 ST2512 标准规格端齿,无法完全采用相同规格端齿时,应根据端齿的内外圆直径参考相近标准进行设计。同时,应进行端齿的强度、寿命计算,齿面接触强度和齿根屈服强度应满足可靠性设计要求。

5) 平衡设计

轴流叶轮应开展平衡设计,根据长径比及需求选择静平衡或动平衡。宜选择盘体两端的自由面各设计一处便于加工的凸环,预留为平衡去除材料位置,去除材料处应选择应力相对较低部位。为了减少不必要的零件材料,在确定去除材料的预留量时应根据加工水平和零件特点进行估算。剩余允许不平衡量建议设计为 G2.5 或 G6.3 等级。

3.3.2 离心叶轮

离心叶轮从结构形式上分为开式叶轮、半开式叶轮、闭式叶轮。组合压气机中主要应用的是开式离心叶轮,也就是叶轮外罩作为独立零件,形成离心叶轮的外流道,在叶轮外罩与离心叶轮之间存在一定的间隙。

图 3.6 给出了一种典型的离心叶轮结构示意图,其中离心叶轮左侧采用了圆弧端齿与轴流叶轮相连接,离心叶轮右端采用圆弧端齿连接燃气涡轮,并通过位于离心叶轮盘心的中心拉杆进行预紧。

离心叶轮结构主要分为叶片、盘体型腔、中心孔以及左、右侧的连接结构,其设

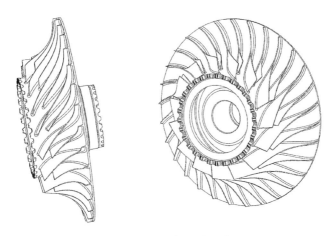

图 3.6　离心叶轮结构示意图

计原则及设计过程中需要考虑的问题与轴流叶轮类似,本节不再赘述。

对于离心叶轮来说,因为叶片结构与轴流叶轮不一样,离心叶轮与叶轮外罩之间的叶尖间隙包括轴向间隙和径向间隙两部分。离心叶轮的叶尖流道形状一般通过冷热态变形计算获取,使其叶尖变形与叶轮外罩相匹配,进而获得满意的热态间隙。离心叶轮的叶尖尺寸通常不影响叶尖间隙的设计,因为离心叶轮与叶轮外罩之间轴向间隙的控制由单独的调整垫实现。

3.3.3　中心拉杆

中心拉杆仅在采用端齿连接结构的压气机转子上使用,通过在中心拉杆上施加预紧力将整个压气机转子与燃气涡轮盘预紧。组合压气机中的中心拉杆通常为长轴结构,中心拉杆从结构形式上一般分为实心拉杆和空心拉杆,其结构形式根据发动机的总体布局确定:动力涡轮轴需穿过压气机内部时一般采用空心拉杆结构(图 3.7),动力涡轮轴无须穿过压气机内部时一般采用实心拉杆结构(图 3.8)。中心拉杆结构主要分为螺纹连接结构、变形段和限幅凸台(图 3.8)。中心拉杆设

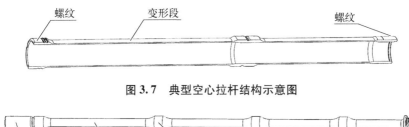

图 3.7　典型空心拉杆结构示意图

图 3.8　典型实心拉杆结构示意图

计时,应满足发动机工作转速范围内燃发转子对中心拉杆的预紧力要求,同时保证中心拉杆本身可靠稳定地工作。

1. 轴向伸长量确定

中心拉杆的轴向伸长量需综合考虑中心拉杆本身的屈服强度及压气机转子工作状态的松弛力。压气机转子松弛力计算时需考虑转子各零件材料性能、温度分布、气动载荷和离心载荷,可采用有限元方法进行计算,中心拉杆轴向伸长量的选取需满足以下准则:

(1) 转子工作时各连接面不松开;

(2) 转子工作时各零部件不损坏。

2. 变形段

中心拉杆变形段的设计需综合考虑中心拉杆预紧力要求,强度、寿命要求和发动机的总体结构布局要求。同时,考虑到加工精度对变形段壁厚的影响,空心中心拉杆变形段壁厚不宜过小。中心拉杆变形段截面积需小于连接螺纹段截面积,使中心拉杆在预紧时变形集中在变形段上,而不会使连接螺纹产生变形。中心拉杆通常设计有限幅凸台(图3.8),用于中心拉杆的辅助定心和防止拉杆在工作状态下发生过大径向变形,限幅凸台的位置通常根据发动机总体结构布局确定。

3. 连接结构

中心拉杆与转子的连接一般采用螺纹连接,其连接螺纹一般采用标准的 MJ 螺纹,有特殊要求时可以采用其他的连接形式或其他种类的连接螺纹,拉杆的连接部位需设计有螺纹的防松结构(图3.9),防止压气机在工作状态下螺纹发生松动而导致中心拉杆预紧力的丧失。另外,设计时需对连接螺纹的连接强度进行计算分析,保证螺纹的工作应力小于螺纹的许用应力,避免螺纹发生失效。

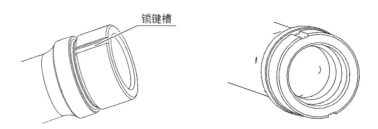

锁键槽

图 3.9　螺纹防松结构示意图

3.3.4　转动密封件

组合压气机封油系统和封气系统位置需设计转动密封件。封油系统的功用是防止滑油从组合压气机轴承腔漏出,控制冷却空气流和防止主气流进入封严腔。

封气系统的功用是控制空气流路有合理的流向及流量。设计封严的部位主要有三种类型。

（1）轴承滑油腔与空气系统之间的封严,其作用是保证滑油腔的滑油不向主流路或空气系统内腔泄漏。

（2）压气机各级转/静子间的空气封严,即压气机级间封严,其作用是避免高压气发生泄漏,从而降低能量损失,提高发动机性能。

（3）空气系统流路各腔室之间的封严,其作用是控制各腔室间的气体泄漏量,确保形成合理的空气流路,满足空气系统特定的功能。

组合压气机有多种封严结构,常用的转动密封装置有篦齿式、胀圈式、端面/径向石墨式、浮动环式和金属刷式等(图 3.10),选择何种封严结构取决于周围的温

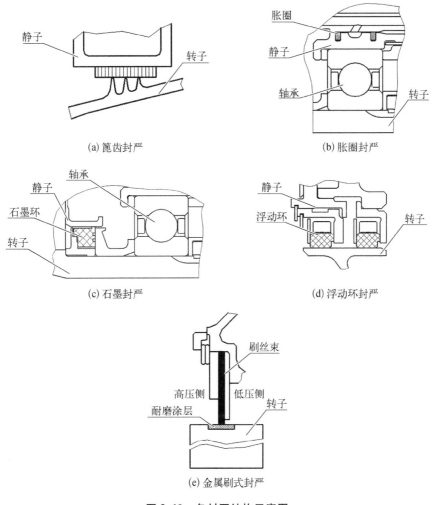

(a) 篦齿封严　　　　　　　　　　　(b) 胀圈封严

(c) 石墨封严　　　　　　　　　　　(d) 浮动环封严

(e) 金属刷式封严

图 3.10　各封严结构示意图

度、压力、可磨蚀性、重量、可用空间以及是否易于安装和拆卸等。

石墨封严、胀圈封严、浮动环封严等一般用于轴承的封油,在很多资料中对于轴承及相关结构设计描述中均有介绍,本节不再赘述,本书主要对组合压气机级间及空气系统常用的篦齿封严结构进行介绍。

篦齿封严结构的工作原理是利用流道的突扩和突缩,消耗流体动能增加流阻以阻止流体泄漏。篦齿封严结构由篦齿和封严环组成,篦齿设计在压气机转子上随转子一同旋转,封严环安装于机匣上,篦齿与封严环径向留有一定封严间隙。

篦齿按其结构形式可分为直通型篦齿和阶梯型篦齿,如图 3.11 所示。根据篦齿齿形又可分为直齿、宝塔形直齿、斜齿和宝塔形斜齿,如图 3.12 所示。研究表明,在相同的气动参数、齿顶间隙和齿数条件下,阶梯型篦齿的封严能力优于直通型篦齿,斜齿的封严能力优于直齿。

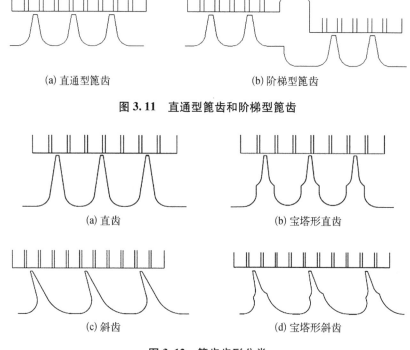

(a) 直通型篦齿　　　　　　　　(b) 阶梯型篦齿

图 3.11　直通型篦齿和阶梯型篦齿

(a) 直齿　　　　　　　　(b) 宝塔形直齿

(c) 斜齿　　　　　　　　(d) 宝塔形斜齿

图 3.12　篦齿齿形分类

篦齿的结构参数主要包括齿数、齿顶宽度 T、齿间距 B、齿高 H 和齿边夹角 α,如图 3.13 所示。篦齿的结构参数需根据空气系统设计、总体结构方案和封严部位结构特点确定,篦齿各结构参数对其封严效率均有一定影响,各参数设计根据经验选取。

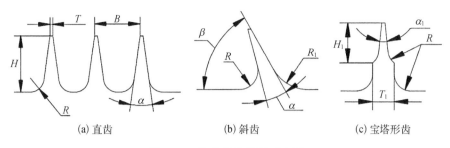

图 3.13　篦齿结构参数示意图

　　由于篦齿封严结构存在发生转静子刮磨的风险,通常在封严环上设计蜂窝或者喷涂可磨耗涂层,减小刮磨对篦齿的损伤。蜂窝或涂层材料需根据工作环境的温度限制进行选择,通常选取能迅速被切除而不发生粘接的易磨损、摩擦时不发生脆断和裂纹、具有良好的抗氧化性和抗腐蚀性的材料。常用的涂层材料有聚苯脂铝硅、镍石墨、硅铝氮化硼、铜铝镍石墨、镍铬铝镍石墨等,喷涂的涂层厚度不宜过大;蜂窝磨耗层的蜂窝片常选用 GH536,蜂窝高度不小于篦齿齿高,对应篦齿齿尖应喷涂防护涂层保护篦齿,防护层常选用氧化铝·氧化钛粉末。

　　篦齿封严结构封严间隙越小封严效率越高,气体的泄漏量越小,但是封严间隙的减小会增加篦齿与封严环发生刮磨的风险,因此,封严间隙的设计需综合考虑封严效率和转静子的热态变形,在保证安全工作的前提下,尽量减小封严间隙,提高封严效率。

3.4　静子结构设计

　　组合压气机静子主要由轴流机匣、静子叶片、叶轮外罩、扩压器、扩压机匣、可调机构等组成;主要功能是构成气流通道,支承压气机转子,承受气体的内压力及气体升温所引起的热应力,承受静子叶片所受的气动轴向力、扭矩和振动载荷,传递发动机载荷,安装成附件。压气机静子结构设计的基本要求如下:

　　(1) 在保证足够的强度及刚性的前提下,尽量减轻重量;

　　(2) 保证各支点的同轴度,各段机匣间要保证准确定位、可靠地密封及固定;

　　(3) 采取措施控制机匣与叶尖的径向间隙变化,减少漏气损失;

　　(4) 保证静子叶片按设计的安装位置、角度调节范围、周向分布等工作;

　　(5) 保证支承结构及传力路线的合理性,以保证在全工作状态下转静子变形协调性;

　　(6) 转子和静子的装配、维修操作方便,工艺性好。

　　压气机的静子结构设计与转子结构相对应,其结构必须互相匹配,而且与发动机的单元体划分和压气机组件的装配分解顺序相适应。本节重点对组合压气机静子部分主要零组件的设计进行介绍。

3.4.1　轴流机匣

轴流机匣是一个圆柱形或圆锥形(视流道形状而定)的薄壁圆筒,前后端面与其他机匣连接,内壁上有固定静子叶片的沟槽,有些发动机的安装节以及一些附件和导管固定在压气机机匣外壁上。工作时,机匣承受着静子的重力、惯性力,内外空气压差,整流器上的扭矩,轴向力,相邻组件传来的弯矩、扭矩、轴向力等。此外,机匣还承受着热负荷和振动负荷,传递转子支承所受的各种载荷,如径向力、剪力和弯矩等。

轴流机匣是发动机主要承力壳体之一,其结构设计的要求如下:

(1) 在重量尽可能轻的条件下,具有足够的强度,能可靠地承受各种载荷;

(2) 具有足够的刚度,保证在各种载荷作用下,机匣的径向变形和横向变形均在允许范围之内;

(3) 保证各段机匣之间的同心,以及机匣与转子的同心;

(4) 具有足够包容性,机匣对气体压力具有足够的包容能力而不发生失效破坏;同时,当叶片断裂或轮盘破裂时,机匣能保证不被击穿,防止碎片穿透飞出;

(5) 采取措施减少漏气量,以及减小机匣与转子之间的径向间隙,保证压气机效率;

(6) 装配方便,工艺性好,维修性好,并具有可检测性。

轴流机匣有整环式、对半式和混合式三种结构形式,设计时根据压气机的拆装、机匣的材料和加工制造情况等进行选择。

整环式机匣一般用于转子可拆装的结构,其优点是在高温下径向膨胀一致性较好(对半式机匣周向刚性不一致,径向变形不均匀),转子叶尖间隙周向均匀,有利于保证气动效率;但整环式机匣装配过程中会多次拆装转子,影响转子的平衡状态,对振动带来不利影响。因此,在压气机级数较少的情况下,经常沿轴向将机匣按级分段成多个整环机匣,配合扇形或半环结构的静子叶片,装配时不需要分解转子,但装配难度提升,经常还需要设计专门的装配定位工装。

对半式机匣的装配及维护方便,装配时压气机转子可以采用组合件状态,各级静子叶片也方便装配,结构适用性较强;对半式机匣可实现拆掉一半机匣检查或更换转静子叶片,缩短维护周期,降低维护成本;因为有纵向安装边的存在,对半式机匣的弯曲刚性也较好。但是对半式机匣需解决好纵向安装边的连接、定位和密封等问题,结构上一般采用安装边设计密封槽、控制安装边接合面加工精度等措施提高密封性;安装边一般设计若干个精密螺栓孔,采用精密螺栓确保定位可靠。同时,对半式机匣周向刚性不一致,径向变形不均匀,特别是在温度较高时影响相对较大。轴流对半式机匣示意图如图 3.14 所示。

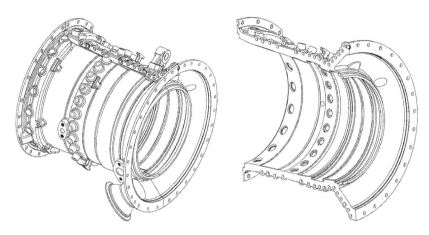

图 3.14　轴流对半式机匣示意图

混合式机匣是整环机匣和对半式机匣的结合,兼顾气动效率和装拆便利性。一般温度较低的前端设计为对半式机匣,温度较高的后端设计为整环式机匣。

从制造工艺方面来看,机匣一般采用铸造后机加工艺,或者锻造后机加工艺。

铸造机匣工艺性好,安装边、放气孔、加强肋等均可一次铸造成型,机械加工量少,材料多采用钢、钛合金或者耐热合金。机匣铸造时,壁厚往往较难控制,机匣重量会增加,精度相对较差。铸造机匣因铸模生产需要较长周期,且考虑模具带来的成本,单件加工时(如试验件)如非结构复杂机加工难以实现,不建议采用;在批生产时,因需加工的零件数量大,铸造机匣在成本和周期上反而具有优势。

锻造机匣是用较厚的毛坯机械加工而成的,这种机匣力学性能好,加工精度高,周向刚度分布均匀,重量相对较轻;缺点是去除材料量大,加工成本高。随着加工能力的提升,相比铸造机匣,锻造机匣在单件加工时(如试验件)在成本和周期上具有优势。

考虑到带纵向安装边的对半式机匣在组合压气机上应用更广泛,本节以其为例子对轴流机匣结构设计进行说明。

1. 内流道及外廓

内流道及外廓主要依据气动流道及总体部门提供的接口进行设计。机匣内表面流路需满足气动输入要求,当流路由机匣内表面与其余多个配合件组成时,应注意零件结合处不要出现“倒台阶”,以免影响气动性能,可通过工程设计时零件结合处尺寸及公差进行控制,同时内流道表面粗糙度应进行控制,一般不低于 $Ra1.6$。机匣外廓在满足强度、刚度所需壁厚前提下,需提供静子可调操纵机构、测试传感器、窥视孔、引气孔等接口,设计时需考虑加工便利性。

2. 静子叶片安装结构

静子叶片与机匣的连接结构形式分为可拆卸式和不可拆卸式两种。可拆卸式结构有以下几种连接方式,如图 3.15 所示。

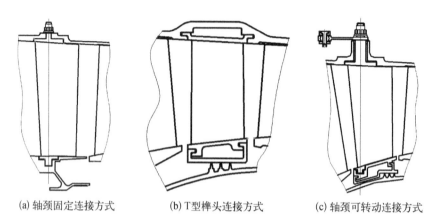

(a) 轴颈固定连接方式　　　(b) T型榫头连接方式　　　(c) 轴颈可转动连接方式

图 3.15　可拆卸式静子安装结构设计示意图

（1）轴颈固定连接方式:用螺母直接将静子叶片固定在机匣上,维修性、工艺性较好,但因轴颈在周向上占据安装空间,叶片数受限;

（2）T 型榫头连接方式:扇形静子(或单叶片)通过 T 型槽安装在机匣上,安装可靠、装配性、维修性、加工工艺性较好;

（3）轴颈可转动连接方式:静子叶片设计为可调,通过螺母固定,摇臂带动叶片进行角度调节,具有上述第一种连接方式的优点和缺点,但配合面加工精度要求高。

不可拆卸式结构有以下几种连接方式。

（1）点焊连接结构:静子叶片外安装板点焊在机匣上,该结构简单,工艺性较好,重量轻,但维修性较差,在焊点处易产生裂纹;

（2）冲铆无间隙连接结构:适用于型面简单、数量多的静子叶片的连接,静子叶片作为冲头,直接冲铆入机匣内,连接定位可靠、重量轻、密封性好,但对工艺要求较高,维修性较差;

（3）焊接连接结构:一般采用氩弧焊和真空钎焊,该结构连接定位可靠、重量轻,但叶片周向均匀性较差,对工艺要求较高;

（4）整体铸造结构:结构简单,重量轻,但由于铸造精度较低,叶片表面粗糙度较差,不适用于复杂叶型的叶片;

（5）整流器为对半可拆卸式结构:整流器外环和内环上设计有翼形孔,静子叶片两端头分别电热铆或真空钎焊于内外环翼形孔中,该结构连接可靠、重量轻,且拆装时不需分解转子,但对电热铆、钎焊工艺要求较高。

3. 安装边

机匣安装边的设计应保证机匣之间相互定心可靠,具有足够的连接强度和刚度,且力求结构简单、紧凑、重量轻、工艺性好。

1) 安装边结构形式

周向安装边结构形式有以下两种,如图 3.16 所示。

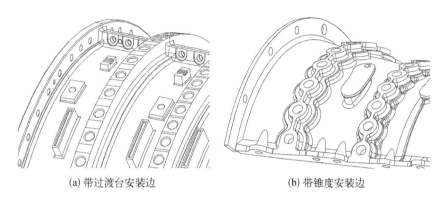

(a) 带过渡台安装边　　　　　　　　　　(b) 带锥度安装边

图 3.16　周向安装边结构示意图

(1) 带过渡台并通过圆弧直接延伸到机匣,其转接圆弧按《倒角和倒圆配合尺寸》(HB 0—46—2011)设计;

(2) 经过一个带锥度的安装边颈部延伸到机匣。

对半式机匣纵向安装边的设计要综合考虑结合面的连接、定位、变形和密封等问题,常见的结构形式如图 3.17 所示,具体如下。

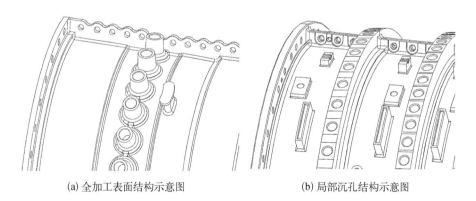

(a) 全加工表面结构示意图　　　　　　　　(b) 局部沉孔结构示意图

图 3.17　纵向安装边结构示意图

(1) 纵向安装边为全机械加工表面,在与机匣本体转接处留有过渡台阶或直接与机匣光滑转接;

(2) 纵向安装边为非全机械加工表面,仅在螺栓装配面上加工出局部沉孔,用于螺栓和螺母配合；

（3）纵向安装边由精密铸造或锻造而成，不需机械加工。

2）安装边的定心方法

周向安装边一般采用以下定心方法：圆柱形凸边内定心法、圆柱形凸边外定心法、圆锥表面定心法、径向平面和径向销钉定心法、精密螺栓和定位销定心、混合定心（采用圆柱面定心与精密螺栓辅助定心，保证重复装配时机匣的同心度）。

纵向安装边定心一般采用径向平面和径向销钉定心。

3）安装边的连接形式

机匣安装边通常采用螺栓、螺桩、螺钉、精密螺栓等连接形式。安装边的配合性质应根据机匣工作环境和受力情况进行选择，保证机匣的定心可靠及装配方便。设计中需选取适当的安装边厚度、连接螺栓直径及螺栓分布间距，以保证机匣具有良好的连接刚性和密封性能。

4. 放（引）气结构及窥探孔

根据压气机气动性能需求及空气系统计算结果设计放（引）气孔，包括孔的位置、数量、大小等，放（引）气孔、腔的结构形式有以下几种。

（1）直接在机匣上加工引气、集气腔，适用于整环式机匣；

（2）采用焊接结构，在机匣上焊接集气环形成集气腔，适用于整环式和对分式机匣；

（3）双层机匣，利用内、外层之间的容腔形成集气腔。

放（引）气孔设计时应避免集中开孔，以减小对流场的影响；对机匣开孔处可作加强处理；腔、孔要具有良好的加工工艺性。

为了在不分解发动机的状态下，对压气机流道件进行可视性检查及修理，提高发动机的维护性，轴流机匣上设计有窥探孔，一般设计原则如下。

（1）窥探孔的大小根据孔探仪探头及光缆直径大小确定，孔的位置一般设置在静子叶片所在的剖面内，其位置应能观察到转子叶片的前后缘及其轮盘情况；

（2）窥探孔的堵塞装置应为快卸结构，可设计螺纹堵头、弹性元件等。

3.4.2　静子叶片

组合压气机常用的静子叶片主要分为两类：可调静子叶片和静子叶片环，可调静子叶片一般位于压气机的前几级。静子叶片一般由叶身和基体两部分构成，叶身为介于内、外流道间具有叶型形状的部分。基体为除叶身以外的部分，主要功能为实现叶片安装并形成叶栅通道。

根据结构布局设计，压气机静子叶片可设计成一端固定的悬臂结构，也可以采用两端固定的简支结构。典型的静子叶片结构见图 3.18。

气动叶型和结构安装布局是静子叶片结构设计的主要输入条件，设计时需要

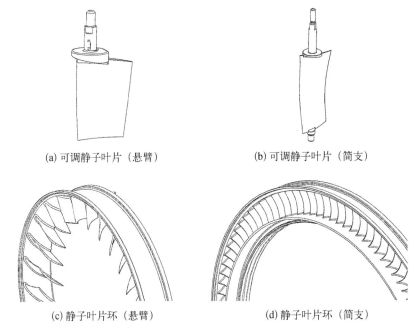

(a) 可调静子叶片（悬臂）　　　　　　　(b) 可调静子叶片（简支）

(c) 静子叶片环（悬臂）　　　　　　　(d) 静子叶片环（简支）

图 3.18　典型的压气机静子叶片结构

进行强度和振动分析,振动分析时需要考虑上、下游激振源数量的影响。

1. 叶身

叶片叶身按照气动设计提供的叶型数据生成,设计时结构上还应考虑下述几个方面。

1) 叶身在叶片基体上的定位

叶片的叶身由许多径向不同位置的剖面所确定,需要注意的是气动叶型坐标系与叶片基体结构坐标系基准是否一致,如不一致应做好基准转化。

2) 叶身与基体的转接

(1) 叶身与基体间沿整个叶型轮廓应用圆弧转接;

(2) 叶身叶展形成线与基体有较大周向倾斜时,对叶身与基体的转接半径沿外廓应规定不同值,叶身表面与基体交成锐角的区域应用半径较小的圆弧转接;

(3) 叶身与基体间转接圆弧半径的选取应避免该区域产生应力集中;

(4) 对于可调静子叶片必要时可在与基体交接处的叶身上设置卸荷槽,槽的各尖边应倒圆,不允许有横向加工痕迹,并进行抛光;

(5) 可调静子叶片基体与叶身转接处应设计一定的余量,需确保叶片在工作过程中全转速范围内不与机匣和内环发生干涉与刮磨。

3) 叶身尺寸精度、几何公差、表面粗糙度

叶身尺寸精度、几何公差、表面粗糙度应符合《叶片叶型的标注、公差与叶身表

面粗糙度》(HB 5647—1998)相关规定。

2. 安装/支撑结构

静子叶片的安装和支撑结构在 3.4.1 节已详细介绍,本节不再进行说明。

3.4.3 叶轮外罩

叶轮外罩通常与离心叶轮匹配使用,是典型的组合压气机静子件,在组合压气机部件中位于轴流机匣(或进气机匣)与扩压器之间,通常只承受压力载荷,其主要作用是:包覆离心叶轮,形成叶轮流道;叶轮外罩要与叶片变形协调匹配,减少间隙损失;形成气腔,实现放气防喘和引气封严/冷却等功能。图 3.19 为典型组合压气机的叶轮外罩结构和位置示意图。

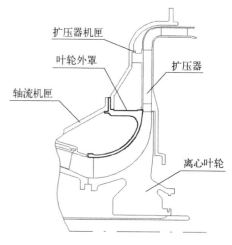

图 3.19　叶轮外罩结构和位置示意图

叶轮外罩结构主要由薄壁变形段、法兰安装边和可磨耗涂层组成,根据法兰安装边与薄壁变形段的连接位置,叶轮外罩的结构分为通道出口端悬臂、通道进出口两端悬臂和进气端悬臂三类,如图 3.20 所示。在实际使用过程中,主要是根据总体方案和薄壁段的变形需要,确定叶轮外罩的结构类型。

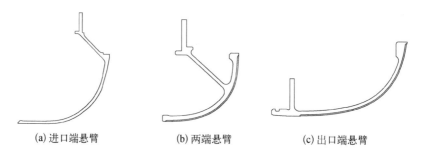

(a) 进口端悬臂　　　　(b) 两端悬臂　　　　(c) 出口端悬臂

图 3.20　三种叶轮外罩结构示意图

离心叶轮外罩的通道型面是一个回转面,回转中心线为发动机轴线。离心叶轮外罩的壁厚一般取决于离心出口的气体压力、温度以及材料的力学性能,从进气端至出气端其厚度一般均匀分布,重量敏感时可按等强度设计。

1. 内流道及外廓

为了减少外罩流道附面层损失,对外罩流道的表面粗糙度要求较高;同时,为了防止在异常情况下转子叶尖与外罩发生碰磨造成严重后果,在叶尖对应的外罩流道区域喷涂可磨耗涂层,要求涂层完全包覆叶片,且超出叶片边界一定范围。组合压气机最常用的是双层铝硅涂层,分为底层和面层,底层是为了增加涂层黏附力,面层满足光洁度、硬度和可磨耗等要求。

为保证离心叶轮外罩与离心叶轮的间隙均匀,内流道壁面应提出相对于安装定位面的同轴度和轮廓度要求。

2. 安装边

叶轮外罩安装边的结构形式主要有两种:带定位圆柱面的法兰边和带定位销的法兰边。按组合压气机总体结构要求设计的安装边应满足强度、刚度和安装定位要求。

对于有连接段的离心叶轮外罩,其连接段一般为圆锥形、等厚度。厚度选择应根据发动机最大转速下流道轮廓允许的变形量和零件的刚度要求来确定。连接段和安装边、通道的连接处应有过渡圆角。

3.4.4　扩压器

扩压器的主要作用是对离心叶轮出口的高速气流进行减速和扩压,将动能转化为压力能。扩压器一般包括径向扩压器和轴向扩压器,径向扩压器的主要功能是对气流进行减速扩压,而轴向扩压器的主要功能则是调整气流方向,保证压气机出口气流角满足燃烧室的要求。

国内组合压气机主要采用叶片式扩压器结构,图 3.21 是两种典型的叶片式扩压器,其主要由径向叶片扩压器和轴向叶片扩压器组成,两种扩压器叶片数铣加工到一个整体 L 型圆环上,再与径向扩压器盖板和轴向扩压器盖板组合,形成完整的扩压器气流通道。径向扩压器盖板与扩压器本体通过真空钎焊的方式实现连接,轴向扩压器盖板由薄壁板材或带材焊接形成圆环,径向刚性较差,通过过盈配合紧箍安装在轴向扩压器的叶片外环面。

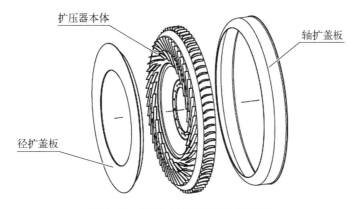

图 3.21　叶片式扩压器结构示意图

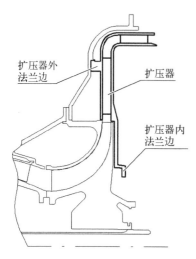

扩压器外
法兰边

扩压器

扩压器内
法兰边

**图 3.22　叶片式扩压器法兰边
结构示意图**

1. 安装法兰边

一般情况下,组合压气机扩压器共设计两处安装法兰边。一处法兰边位于扩压器大直径位置(接近外径),使用止口定位、螺栓或螺钉与扩压机匣连接,实现扩压器的连接固定。在扩压器与扩压机匣端面之间设计调整垫圈,用于调整扩压器进口与离心叶轮出口的齐平度;另一处法兰边位于扩压器内孔中心处,与篦齿封严外环连接,实现离心叶轮后背流道密封,降低气体泄漏损失,如图 3.22 所示。

内外安装法兰边设计应保证扩压器安装可靠、定位精确、具有足够的连接强度和刚度。当止口定位不能满足使用要求时,可以使用销钉和精密螺栓等方式定位。连接螺栓要进行强度计算,同时螺栓孔位要进行防错设计,为了减轻重量,经常在扩压器的外法兰边上设计减重槽。

2. 流道和叶片设计

扩压器性能对组合压气机总体性能有重要影响,设计时需要重点控制扩压器流道轮廓、叶片前缘半径、叶根圆角、进口喉道面积、表面粗糙度等要素。

扩压器的流道轮廓和叶片叶型是由气动设计确定的,结构设计时应尽量保证流道表面光顺、减少流道件转接、避免流路倒台阶,尽可能使用提高流道及叶片表面光洁度的加工方法。将制造成本与性能要求相结合,合理确定叶片前缘半径、叶型轮廓精度和叶根机加圆角或焊接圆角等。控制扩压器的通道宽度、相邻叶片之间的喉道距离,进而精确控制扩压器通道的喉道面积。为了减少壁面摩擦损失,扩压器流道和叶片表面粗糙度要求应尽可能高。

3.4.5　扩压器机匣

组合压气机典型扩压机匣结构和安装位置见图 3.23,它是压气机部件中承受压力和温度最高的机匣类零件,同时还承受着巨大的惯性和机动过载,也是压气机部件外径与体积最大的零件。扩压机匣结构设计主要考虑满足连接定心、强度寿命、整体刚性、重量和功能实现等多方面的要求。

扩压机匣主要功能包括承力、传力和包容高压气体、防冰引气和辅助发动机安装固定等。多功能集成设计增加了扩压机匣结构复杂程度,导致机匣基本只能使用铸件毛坯或整体数铣成型,机匣整体呈圆环状,覆盖整个径向扩压器区域,沿半径方向设计有加强筋板,最大外径位置设计发动机辅助安装节,在扩压机匣与扩压器的空腔位置铸造引气管路,实现引气功能。

1. 安装法兰边

作为组合压气机中尺寸最大、承受载荷最大的零件,扩压器机匣共包括三个安装法兰边(图3.23),按直径从小到大分别为法兰边 A(连接冷端轴流机匣和叶轮外罩)、法兰边 B(连接扩压器)、法兰边 C(连接热端燃烧室外机匣),其中各安装边均使用径向止口或者定位销定位,使用螺栓或螺钉进行连接。

A 和 C 安装法兰边作为主承力法兰边,具有承力和传力的作用,必须保证足够的定位精度,同时要进行热态变形计算保证在发动机热机状态下,相邻连接机匣变形协调,不发生干涉或挤压变形等异常情况。B 安装法兰边作为辅助安装边,用于固定扩压器,在二者端面之间设计调整垫圈,

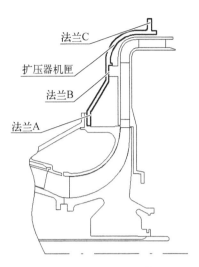

图 3.23　扩压器机匣安装位置结构示意图

调整扩压器进口与离心叶轮出口的齐平度。各安装边的连接螺栓均需要进行强度寿命计算,且螺栓孔位必须进行防错设计。

2. 安装节/吊耳

扩压机匣位于发动机的中间位置,接近发动机重心位置,同时其处于冷端向热端过渡的区域,设计时保留了足够的强度、刚度和寿命裕度,因此在扩压机匣的安装边上设计了安装吊耳和辅助安装节,实现发动机的吊装和安装功能。

图 3.24 为组合压气机扩压机匣的引气管路和安装节结构示意图,后法兰边上

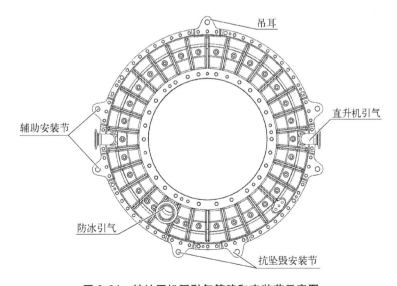

图 3.24　某扩压机匣引气管路和安装节示意图

设计有 7 个凸耳,其中位于 2 点半、3 点半、8 点半、9 点半位置的 4 个凸耳为发动机的辅助安装节,位于 5 点半、6 点半位置的 2 个凸耳为发动机抗坠毁安装节,位于 12 点位置的凸耳为发动机后吊耳。机匣的安装法兰边必须设计足够紧密的螺栓安装孔,保证传力和密封要求。同时,为了保证良好的机匣定心需求,法兰边常用精密螺栓和精密止口连接定位。

3. 引气功能

扩压机匣位于离心叶轮出口,气体压力和温度均较高,适合防冰引气和直升机引气。一方面,可以向低温低压的压气机进口区叶片和流道引入高温气体,防止导向叶片和进口流道结冰,影响组合压气机结构安全和气动性能;另一方面,可以给涡轮轴承座提供高压封严冷却气体,防止滑油泄漏;最后,还可以根据需要为飞机环控系统提供必要的高压气体,保障客舱环境。

图 3.24 标明了组合压气机扩压机匣的引气管路设计位置。其中,3 点和 9 点位置铸有 2 个管接头通过快卸环接导管用于直升机引气,7 点位置铸有 1 个管接头与防冰活门相接。

3.4.6　静子叶片角度调节机构

组合压气机轴流段的进气导向叶片(inlet guide vane,IGV)和前几级静子叶片通常设计成角度可调,通过同步调节各排静子叶片的安装角来匹配压气机各级的转速-流量特性、消除加减速时的气流分离,使组合压气机在一个相对宽广的工作范围内获得较佳的性能。静子叶片调节机构设计要求在规定的导叶角度调节规律范围内,实现各排叶片的同步调节,并且具有良好的一致性、可重复性和可靠性。

组合压气机的静子叶片角度调节机构一般为空间运动类型,如图 3.25 所示,由液压作动筒、连杆、调节杆、联动环(同步环)和摇臂组成。作动筒通过连杆与调节杆相连,调节杆再通过连杆与联动环相连,联动环通过摇臂与可调静子叶片相连,从而实现作动筒驱动导叶旋转的目的。从作动筒到导叶的运动传递路径是:作动筒→连杆→调节杆→连杆→联动环→摇臂→导叶,运动传递过程是:作动筒进行往复直线运动,通过连杆带动调节杆绕自身轴线转动,调节杆通过连杆带动联动环,联动环做周向旋转和轴向平移的复合运动,其中的周向旋转带动导叶发生转动。

组合压气机静子叶片通常设计成单级或者多级可调,对于多级叶片调节机构,设定其中一级为基准,其他级分别与该级进行规律匹配。

静子叶片调节机构通常简化为一套杆件系统处理。对于复杂机构,该杆件系统可以分成以下三部分进行设计。

(1)叶片联转部分:保证同一级叶片角度协调,由静子叶片、摇臂、联动环及定心结构、机匣等构成。

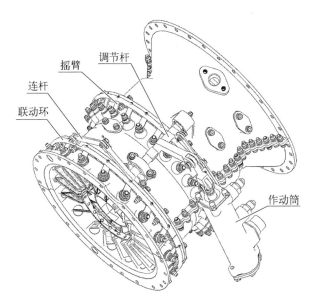

摇臂
调节杆
连杆
联动环
作动筒

图 3.25　组合压气机导叶调节机构示意图

（2）连接部分：协调叶片联转部分和驱动部分，由连杆、曲柄、调节杆等构成。

（3）驱动部分：调节机构运动的驱动力来源，一般由液压作动筒等构成。

静子叶片角度调节机构设计通常遵循如下原则。

（1）多级叶片可调时，进口导流叶片的气动力矩与下一级的气动力矩方向相反，选择机构时应考虑彼此间力的相互抵消。

（2）叶片轴颈应尽可能靠近喘振时的压力中心，避免喘振时承受不必要的大载荷。

（3）根据叶片的调节范围，摇臂的起始点和终止点应对称地设置在叶片轴所在位置的发动机平面两侧，以减少摇臂与联动环的轴向位移、摇臂与联动环的相对径向位移。

（4）为保证叶片的初始和终止位置，在机构设计中应有调整措施，一般采用长度可调节的联动杆进行调整，或在连接活塞杆端头设置长度可调节的连接段进行调整，以保证整个系统有较小的误差和活塞行程能满足可调静子叶片的角度变化范围。

（5）为避免联动环偏心，一般采取两个液压作动筒在圆周相对的位置同时驱动。

（6）作动筒活塞运动应设计机械限位。

静子叶片角度调节机构设计过程包括：调节机构结构形式选择，运动简图绘制与自由度分析，构件基本尺寸设定与运动轨迹计算分析，驱动力计算，零组件设计，尺寸链计算等。设计完成后，还需开展相关分析，确保调节机构安全可靠地工作,具体如下。

（1）强度分析：对关键零件开展强度分析,如传动摇臂等,可采用经验评估或有限元分析法。

（2）运动学分析：利用仿真软件模拟机构运动过程,其目的在于进行运动干涉分析,检查机构运动死点,通过模拟运动,检查调节规律拟合情况。

（3）动力学分析：考虑可调机构工作时静子叶片气动载荷,机构所受温度载荷,运动副所产生的摩擦载荷等,开展机构动力学分析。

3.5　零件选材

3.5.1　选材原则

组合压气机主要零组件选材时,一般遵循以下几个方面的要求。

1. 使用环境要求

工作温度：材料选用的首要考虑因素,工作环境温度不应超过材料的使用温度限制。一般按工作温度由低到高分别优先选用铝合金、钛合金、结构（合金、不锈）钢、高温合金。

防腐要求：对于有防腐要求的使用环境,如海洋性气候环境,应充分考虑材料的耐腐蚀性能,通常可采用钛合金和高温合金。

抗冲刷性能：使用环境中有沙漠、海滩等特殊环境时,需考虑材料被气体中砂尘等杂质冲刷的情况,可考虑采用抗冲蚀涂层。

2. 重量要求

一般情况下应尽量选用比强度高的材料以减轻零件重量。

3. 强度要求

所选材料的物理性能、力学性能（拉伸性能、持久性能、疲劳性能、缺口敏感性能、抗冲击性能、热稳定性等）应满足零件的强度、振动、寿命要求。

4. 可靠性和经济性

应尽量选用常规材料品类,减少材料的品种和规格；材料的物理性能、力学性能的数据来源可靠,并有明确可行的材料验收标准；优先选用经多型在役发动机验证的材料,在重量变化不大、可靠性满足要求的情况下,优先使用低成本的材料。

5. 材料的工艺性

所选材料应具有较好的冷加工和热处理工艺性,同时具有较好的热稳定性。

3.5.2　常用材料

组合压气机常用的材料有铝合金、钛合金、结构（合金、不锈）钢、高温合金等,设计时根据使用需求进行选择。

1. 转子部分

轴流叶轮、离心叶轮常用的材料有钛合金、高强度不锈钢、高温合金。为了提高材料的综合性能,零件通常采用锻造毛坯进行加工,一般选用 Ⅰ 类锻件、Ⅰ 类检验,并推荐使用模锻件。

中心拉杆常用的材料一般为综合力学性能高且耐蚀性好的不锈钢或高温合金。

2. 静子部分

组合压气机静子部分轴流机匣的常用材料有结构钢、不锈钢、高温合金、钛合金、铝合金等,为了提高材料的综合性能,轴流机匣多采用锻造毛坯或铸造毛坯。为提高材料的抗疲劳能力,轴流机匣毛坯铸造一般采用热等静压处理。对于尺寸较大的机匣亦可采用分段锻造毛坯,通过电子束焊接而成。

静子叶片一般选用耐腐蚀和比强度高的材料,如不锈钢 1Cr11Ni2W2MoV 和 Cr17Ni2 等,钛合金 TC1、TC6、TC11 等,工作温度高的叶片也常采用高温合金 GH2132、GH4169 等。

离心叶轮外罩常用的材料有高温合金、结构钢、不锈钢和铝合金等。

扩压器常用的材料按工作温度从低到高优先选用铝合金、结构钢或不锈钢、钛合金和高温合金等,为了提高综合性能,多采用锻件毛坯,常用材料有 1Cr11Ni2W2MoV、0Cr16Ni5Mo1、GH2132、GH625 和 GH4169 等。

扩压机匣的尺寸较大、功能复杂,且对强度、寿命和刚度的要求比较高,在进行结构设计时应优先选用耐高温能力好、比强度高的合金材料,同时为了保证经济性,一般采用整体精密铸造不锈钢、钛合金或高温合金毛坯,常用的材料有 ZTC4、ZTA15 和 GH4169 等。

3.6　结构设计分析

组合压气机零组件的结构设计分析是压气机结构设计的必需环节,一般包括结构强度的校核与分析、压气机叶尖间隙分析、径向配合分析、转静子轴向间隙分析等方面。后面详细介绍结构强度设计相关内容,本章不再赘述。

3.6.1　叶尖间隙设计及分析

本书主要针对组合压气机转子叶片叶尖与机匣之间的间隙进行设计分析介绍。叶尖间隙对组合压气机的稳定性和效率都有重大影响。

在发动机的一个工作循环中,由于压气机转子与机匣的结构不同,材料不同,受力状况、换热状态也不同,因此必然导致在发动机的工作范围内两者的位移不同步。飞行过程中发动机本身的振动也会导致叶尖间隙的变化。如果不采取特殊的措施,在设计上就要在压气机叶尖和机匣之间预留较大的间隙,以便在整个工作循环中,尤其在过渡状态下,叶片与机匣不发生碰磨。但是较大的叶尖间隙必然导致叶尖泄漏损失的增大,这对组合压气机的总体性能不利。另外,若发动机性能降低,保证同样的推力和功率输出,就必须增加供油量,这就使发动机的工作温度增加,势必对发动机的可靠性和寿命产生不良影响。

对于组合压气机,离心压气机一般都是高压部分,且目前离心压气机最高工作温度已达到500℃左右,叶尖间隙问题会更加突出。组合压气机叶尖间隙主要受以下几种因素的影响。

(1)加工及装配精度。主要是转子的同心度,机匣、轮盘、转子叶尖的椭圆度等,通过精密加工等途径,可尽量减小这些因素所引起的间隙不均匀变化。

(2)发动机工作时的部件变形。如机匣的翘曲变形、转子的弯曲变形、飞机做机动飞行时所产生的陀螺力矩导致轴的变形、气动力引起的各种变形等,有一些是非常规情况下所引起的变形。

(3)发动机工作时产生的振动。如转子动平衡不够引起的振动,柔性转子在起动时通过临界转速所发生的振动等。但航空发动机对振动的控制要求很严,可认为其对间隙的影响不大。

(4)发动机工作部件的径向和轴向伸长量。转子的离心力和动、静部件的热膨胀量的不同所引起的径向变形不同,必然导致径向间隙的变化。

一般认为,上述四种因素是影响叶尖间隙变化的主要因素。因此要保证合理的叶尖间隙值,就要求分析在离心力和温度场作用下叶尖间隙的变化规律,研究并掌握叶尖间隙的有限元分析方法是进行叶尖间隙设计的重要内容。

1. 轴流转子叶尖间隙

对于组合压气机中的轴流部分来说,叶尖间隙即转静子之间的径向间隙。设计时不考虑机动飞行过载引起的变形,转子按转速 $\bar{n} = 1.0$ 计算盘、叶片的应变和温度引起的变形,需考虑超转时转子按转速 n_{max} 计算变形。

径向间隙(设计图上的规定值)设计时应考虑工作状态下机匣、叶片和轮盘径向位移,转子与静子相对轴向位置变化对径向间隙的影响,零组件加工公差等,并结合以往使用经验确定。压气机叶尖径向间隙设计主要流程如下:

(1)气动设计确定设计状态下的叶型和流道;

(2)根据已有成熟型号的使用经验,通过热态流道线平移获得机匣内表面冷态流道线及叶片叶尖冷态流道线;

(3)计算各工况下机匣、叶片和轮盘轴向与径向变形;

(4)评估热态间隙是否满足安全裕度,如不满足,通过调整初始设计间隙进行迭代。

2. 离心叶轮叶尖间隙

对于组合压气机中的离心部分来说,叶尖间隙即离心叶轮与叶轮外罩之间的法向间隙,包括轴向间隙和径向间隙。目前,离心压气机在进行气动设计时,其叶尖工作间隙按照 0.1~0.4 mm 进行设计,但由于压气机在工作时,离心叶轮在离心载荷、气动载荷和温度载荷的作用下,其叶尖流道会产生变形。同时叶轮外罩也会在气动载荷及温度载荷的作用下产生变形,因此离心叶轮、叶轮外罩的流道数据以及冷态时离心叶轮叶尖间隙一般需要在进行压气机热态变形计算之后才能最终确定,间隙设计分析过程与轴流级类似。

3. 常用叶尖间隙控制措施

理想的叶尖间隙最好为零,实际发动机很难达到这种最佳匹配,于是人们希望能做到尽量减小最大工作状态和巡航状态的径向间隙,而过渡状态不产生严重的碰磨。

（1）尽量减小装配间隙。各工作状态的间隙也相应减小,但会造成过渡状态转静子间的相互刮磨。为避免带来严重后果,一般在机匣内壁与转子叶片对应处喷涂可磨耗涂层。

（2）采用低线性膨胀系数的合金材料作机匣。

（3）采用主动控制技术。可以分为两种：一种是闭环间隙控制,采用先进的叶尖间隙测量手段,测出某工况的间隙值,用反馈控制回路控制间隙的最佳值；另一种是开环间隙主动控制,通过找出间隙变化的准确规律,当发动机工况改变时,用机载计算机算出此时间隙大小,及时调整外部所需空气量,进行最佳间隙的控制。两种主动间隙控制方法都是根据发动机的工作状态,人为地控制机匣或转子的膨胀量,使转子和静子的热响应达到较好的匹配,在巡航状态间隙尽可能小,而在其他状态又不发生刮磨。目前来说,主动控制技术在组合压气机上应用不多。

前面两种采用的不随发动机工况进行调节、防止叶尖径向间隙变化过快的措施,统称为被动间隙控制技术,与主动间隙控制技术相对应。航空发动机一般综合应用多种减小径向间隙的方法,从而达到最佳效果。

3.6.2 径向配合关系选择及分析

压气机零组件之间的径向配合有多种方式,需要根据实际情况进行选择,既要保证相配合零件之间能够可靠地定心定位,又要便于装配分解。通常零件和组件相互定心的方法有圆柱面凸边定心法、圆锥面定心法、径向平面和径向销钉定心法、套齿定心法、精密螺栓定心法、混合定心法、圆柱面止口定心法。

机匣之间一般采用小间隙配合,常用的配合如 H6/g5、H6/h5、H7/g6、H7/h6等。当采用整体机匣时,可采用小间隙配合或过渡配合。随着发动机装配分解技术的进步,为了保证连接界面气密性,在内外压差较大时,一般可选择较大过盈配合。

压气机轮盘与轮盘、轮盘与鼓筒(间隔环)之间采用过盈配合,其过盈值由应力应变分析确定。为确保各级转子之间的同轴度及转子不平衡量在工作过程中不发生恶化,应开展计算分析,确保在发动机的任何工作状态下该配合面之间均应保持过盈。

3.6.3 轴向尺寸关系确定及分析

根据压气机结构设计具体情况,需要对转子单元体之间、静子单元体之间以及转子单元体与静子单元体之间沿轴向方向的距离进行分析,即尺寸链计算。压气机尺寸链计算是为了保证压气机装配精度或控制某些装配间隙和距离,对互相联系的尺寸按一定顺序首尾相连排列而成的封闭尺寸组进行计算、分析、调整。尺寸链计算内容主要包括以下几个方面:

(1) 计算轴流叶片与机匣涂层边缘距离,验证转、静子相对位置是否符合要求;

(2) 计算叶轮外罩的间隙,验证叶轮间隙是否满足安全要求;

(3) 计算篦齿与涂层或蜂窝搭接量,验证封严件相对轴向位置是否合理;

(4) 计算错移量、窜动量,验证轴承轴向位置是否合理;

(5) 计算放气间隙、齐平度,验证性能间隙是否满足设计要求;

(6) 其他重要位置间隙。

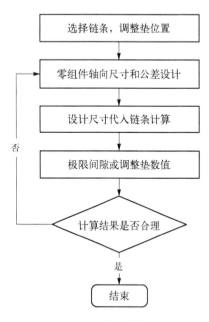

图 3.26 尺寸链计算流程

进行冷态尺寸计算时,一般分为以下几个步骤(图 3.26):首先根据压气机结构确定封闭环;从封闭环一端到封闭环另一端依次用尺寸矢量连接,各尺寸矢量均为该尺寸链的组成环,分析封闭环与相邻零件的定位关系,建立最短尺寸链,确定计算路径;根据计算路径画尺寸链图,标注各环的代号;列尺寸链方程并进行封闭环计算。冷态尺寸链一般采用极限法进行计算。

压气机尺寸链受工作状况影响较大时,应进行必要的热态分析计算。热态尺寸链计算通常采用间接计算和直接计算两种方式进行。间接计算是将封闭环在热态时的要求换算成冷态时的相应要求,以冷态尺寸链计算方法来计算各组成环的尺寸和公差。直接计算是直接在热态计算各组成环的尺寸和公差,以满足热态时封闭环的要求,然后换算成用于图样标注的冷态尺寸。

第4章
组合压气机热分析

4.1 概　　述

　　组合压气机传热分析的目的是获得零组件内部的温度场分布,从而为强度、振动、变形等结构强度分析提供温度边界。压气机虽然是传统意义上的冷端部件,但是随着近年来发动机性能的不断提高,压气机压比越来越高,压气机的热问题特别是后面级的热问题在最近几年越来越突出。获得准确的压气机温度场,对压气机的结构强度设计越来越重要。

　　压气机热分析可以归结到固体力学的范畴,与流体力学相比,其相同之处在于:在给定的计算域内通过指定表面边界获得计算域内的物理参数分布,求解方法包括两种,即理论求解和离散化数值求解;不同之处在于:流体力学求解 N-S 方程较为困难,需要借助湍流模型、压力速度耦合等经验方法进行求解,其边界则相对容易给定,如表面无滑移、压力、流量等边界条件;固体力学的求解相对容易,但是其边界难以确定,以热分析为例,计算需要给定三类热边界之一(恒温、恒热流、恒换热系数及流体参考温度)。本章首先介绍热分析的基本原理,随后介绍热分析的方法及流程,最后以组合压气机为例,介绍应用于工程实际的组合压气机温度场分析过程。

4.2　热分析基本原理

4.2.1　热传递的基本方式

　　热传递主要有以下三种基本方式,分别为热传导、热对流和热辐射。在航空发动机主要部件中,燃烧室温度最高,须同时考虑热传导、热对流和热辐射三种传热方式。涡轮温度仅次于燃烧室,以热传导、热对流为主,部分零件考虑热辐射。压气机的温度相对而言较低,目前主要考虑热传导和热对流。

　　1. 热传导

　　热传导简称导热,它是物体中温度不同部分或相互接触而无宏观相对位移的不同温度物体之间的热量传递。其机理是物质微观粒子热运动中的能量相互传

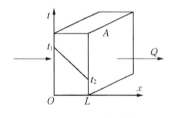

图 4.1　平壁导热

递。微观粒子(如分子、原子及其组成部分)的热运动强度与物体的温度成正比,因此热量从物体的高温部分传给低温部分。如图 4.1 所示,当平壁内各处温度不随时间变化时,平壁两侧面的温差越大,壁面积越大,壁厚越小,单位时间内通过平壁的导热热量越多,即

$$Q = k \frac{\Delta t}{L} A \qquad (4.1)$$

其中,Q 为单位时间内导热传递的热量,称为热流量;Δt 为平壁两侧面温度差, $\Delta t = t_1 - t_2$;L 为平壁两侧面的厚度;A 为垂直于导热方向的平壁面积;k 为表征材料导热能力的比例系数,称为导热系数。

根据公式(4.1)还可得

$$q = \frac{Q}{A} = \frac{\Delta t}{L/k} \qquad (4.2)$$

其中,q 为通过单位导热面积的热流,称为热流密度(或称比热流)。式(4.2)与直流电路中的欧姆定律表达式 $I = \Delta U/R$ 作对比后可以看出,温差 Δt 与电压 ΔU 对应,热流 Q 与电流 I 对应,因此 $L/(kA)$ 便与电阻 R 对应,称为导热截面积的导热热阻。

在组合压气机中,很多零件相互接触,由于零件工作环境的不同,相互接触的零件温度也不同,甚至能有几百摄氏度之差。当零件与零件之间存在温差时,零件接触面上就会存在热交换,热交换量和零件温差、零件表面情况及接触的紧密情况具有很大关系。随着航空发动机设计技术的不断进步,发动机的传热设计也越来越精细,对互相接触的零部件之间的温差控制也更加精确,这就对传热分析精度提出了更高的要求。在工程计算中,可针对接触面定义热阻。

2. 热对流

当流体流过物体表面,流体温度与物体表面温度不同时发生的热交换过程称为对流换热。对流换热是流体的对流与导热联合作用的结果。热对流可区分为:① 自然对流,它发生于流体内各部分因温度差(从而有密度差)而产生流体宏观运动的场合;② 强迫对流,它发生在因机械原因而产生流体宏观运动的场合。

图 4.2 为典型组合压气机示意图,叶轮外罩与轴流机匣组成的空腔内壁面换热属于自然对流换热;主流道、轴流轮盘-拉杆形成的盘腔属于强迫对流换热。此外,对流换热还包含无相变及有相变两类,在组合压气机中一般不考虑流体的相变。

图 4.3 为壁面上的对流换热示意图,根据牛顿冷却公式,当流体被物体冷却时,可以表示为

$$Q = hA(t_f - t_w) \qquad (4.3)$$

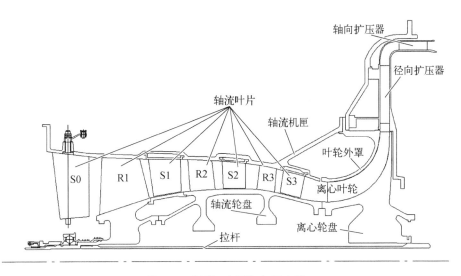

图4.2　典型组合压气机示意图

当流体被物体加热时,可以表示为

$$Q = hA(t_w - t_f) \tag{4.4}$$

其中,Q 为流体与壁面的对流换热量;t_w、t_f 分别为壁面平均温度、流体平均温度;A 为流体与物体对流换热的表面积;h 为表征对流换热强度的系数,称对流换热系数(简称换热系数),代表流体与单位换热表面具有单位温差时单位时间的换热量。当整个换热表面 A 上的 h 值不同时,应取其平均值。

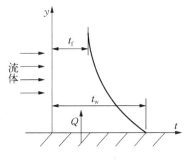

图4.3　壁面上的对流换热

同样式(4.4)也可以表达为

$$q = \frac{Q}{A} = \frac{\Delta t}{1/h} \tag{4.5}$$

组合压气机各种对流换热情况下的 h 值或 h 值计算式可通过理论分析或实验的方法来确定。表4.1给出了组合压气机不同位置换热系数的大致范围,具体取值根据实际工程应用经验选取。

表4.1　组合压气机对流换热系数大致范围

压气机不同位置	对流换热系数范围/$[W/(m^2 \cdot K)]$
压气机主流道及静子叶片	$200 \sim 2\,000$
压气机转子叶片	$500 \sim 5\,000$

续　表

压气机不同位置	对流换热系数范围/[W/(m² · K)]
盘腔转子	200 ~ 1 000
盘腔静子	100 ~ 500
轴承腔	500 ~ 2 000

3. 热辐射

物体间通过电磁波传递能量的过程称为辐射换能,其中因物体热的原因而发射辐射能的过程称为热辐射,任何有温度的物体表面都会不断地向外界热辐射,物体除能发出热辐射外还能吸收其他物体发出的热辐射,辐射与吸收过程的综合结果构成了物体间的辐射换热。辐射换热无须物体之间的直接接触,热辐射可以在真空中传播,物体发射的热辐射强度(热流)取决于物体表面的热力学温度及物体表面的性质,不同物体在相同温度时的辐射与吸收能力差异甚大。辐射能力和吸收能力最强的理想物体称为黑体,它向周围空间发射的辐射能由斯蒂芬-玻尔兹曼定律确定如下:

$$Q = \sigma A T^4 \tag{4.6}$$

考虑到辐射表面与外界介质之间还会同时发生对流换热,为了方便地计算辐射和对流共同作用下的总换热量,工程上常将辐射换热量公式转换成类似对流换热量公式的形式。

4. 复合传热

在工程实际中,上述导热、对流和辐射换热方式单独出现的情况不多。实际的热传递过程往往是通过几种热传递方式同时进行的,凡是由两种以上基本方式组成的热传递过程称为复合换热。热传递过程中传递方式的组合是多种多样的,但其热量的传递按温压与热阻的观点来看总可以区分为串联与并联传递两大类。由于热量传递与电量(电流)的传递具有相似性,因此往往可用电热类比方法来求解传热及复合换热。对于热阻并联,其总热阻为

$$R_{\text{TA}} = \frac{1}{\sum_{i=1}^{n} \frac{1}{R_i}} \tag{4.7}$$

对于热阻串联,其总热阻为

$$R_{\text{TA}} = \sum_{i=1}^{n} R_i \tag{4.8}$$

4.2.2　热传递的基本定律

1. 温度场和温度梯度

物体内各部分不同温度形成的温差是引起物体内部导热过程的根源,在此过程中物体空间各点不仅温度不同,而且同一点的温度还可能会随时间而改变,物体内部某一瞬时各点的温度分布称为温度场,其数学表示式为

$$t = f(x, y, z, \tau) \tag{4.9}$$

若物体内部温度在 x、y、z 三个坐标方向都有变化,则称为三维温度场。物体温度场不随时间 τ 而改变时,称为稳定温度场,反之称为不稳定温度场。发生于稳定温度场中的导热过程称为稳态导热,而在不稳定温度场中发生的导热过程为非稳态导热。

对于组合压气机,除叶片外,大多数部件都具有旋转轴对称相似性,因此其温度场表达式为

$$t = f(x, r, \tau) \tag{4.10}$$

某一时刻,物体温度场中各温度共同点所形成的线或面称为等温线或等温面。同一时刻,不同等温线或等温面不能相交,不同温度的等温线(面)之间会发生由温差引起的热传递。温度场中,温度改变的强烈程度由温度梯度来表示,温度梯度为向量,它是等温面法线方向上温度增量与法向距离比例的极限,表达式为

$$\lim_{\Delta n \to 0} \frac{(t + \Delta t) - t}{\Delta n} = \lim_{\Delta n \to 0} \frac{\Delta t}{\Delta n} = \frac{\partial t}{\partial n} \tag{4.11}$$

热流的方向必然与等温线(面)相垂直,通过单位面积的热流量称为热流密度。

2. 傅里叶导热定律

傅里叶导热定律表述为通过均匀、各向同性(材料的导热性质各个方向相同)、固体材料的导热量与温度梯度成正比,其数学表达式为

$$q = -k \frac{\partial t}{\partial n} \bar{n} \tag{4.12}$$

如图 4.4 所示,对该导热微元体进行分析,可以得到:

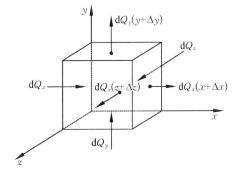

图 4.4　导热微元体

$$\frac{\partial}{\partial x}\left(k\,\frac{\partial t}{\partial x}\right) + \frac{\partial}{\partial y}\left(k\,\frac{\partial t}{\partial y}\right) + \frac{\partial}{\partial z}\left(k\,\frac{\partial t}{\partial z}\right) + q_v = \rho c_v\,\frac{\partial t}{\partial \tau} \tag{4.13}$$

式(4.13)为各向同性固体导热的基本微分方程式,当给定边界条件时,可用以求解其温度场 $t(x,y,z,\tau)$。总的来说,由于不涉及流动,导热微分方程的求解并非难事,因此定解边界条件的准确给定成为温度场计算的关键。

当 k、p 及 c_v 为常值时,式(4.13)便可以简化为

$$\alpha\left(\frac{\partial^2 t}{\partial x^2}\right) + \left(\frac{\partial^2 t}{\partial y^2}\right) + \left(\frac{\partial^2 t}{\partial z^2}\right) + \frac{q_v}{\rho c_v} = \frac{\partial t}{\partial \tau} \tag{4.14}$$

其中,α 为材料的物性参数,称为热扩散率(或称导温系数)。式(4.14)表明,材料温度的变化率与热扩散率成正比,α 值大,说明物体某部分一旦获得热量,该热量能在整个物体内很快扩散,因而物体内温度分布易趋于均匀,反之,温度便不易均匀,温度梯度较大。

3. 定解热边界条件

边界条件总共可以分成四类,分别为第一类、第二类、第三类和第四类热边界条件。

(1) 第一类热边界条件——给定界面上的温度;

(2) 第二类热边界条件——给定界面上的热流密度;

(3) 第三类热边界条件——给定界面上的对流换热系数和流体参考温度;

(4) 第四类热边界条件——给定界面上的辐射热边界。

在组合压气机热分析中,主要是应用第三类热边界条件。第一类热边界壁温常随工况变化,且直接测量较难(示温漆、热色液晶、红外仪)。第二类热边界条件也同样难以获得,只有第三类热边界条件,流体温度直接用热电偶测出,换热系数采用经验公式表达,简单成熟易用。因此在组合压气机热分析中,绝大部分边界都是第三类热边界条件。

组合压气机的热边界总共分为两大类:主流通道热边界和内部盘腔热边界。针对主流通道热边界的处理有两种方法:第一种是直接从三维气动仿真数值结果取出叶片和流道的对流换热系数和流体参考温度,第二种是取 S2 流面的气动参数,再通过经验公式拟合出换热系数。将上述两种方法进行对比,第一种方法更直接和贴近真实工况,但其热边界的精度强烈依赖数值计算的准确程度,在目前的三维数值仿真中,大多数湍流模型的壁面的参数都是来自壁面函数法,本质上也是一种经验公式处理,因此计算出的表面热边界也相对缺乏验证。第二种方法采用经验公式进行计算,基于试验拟合的换热经验公式准确性得到了保障,因此相对来说第二种方法目前可能更加具有可行性。但需要注意的是,换热经验公式是有严格的适用范围的,其表达式根据雷诺数的变化范围非常多,只有选取合适的经验公式

才可以获得良好的热边界精度。

对于压气机盘腔热边界的处理普遍采
用第三类热边界,下面对于盘腔的热边界
进行简单的介绍。20 世纪 20 年代,学界
将旋转盘假设为自由盘,如图 4.5 所示,通
过对由于旋转导致的边界层厚度进行理论
推导,获得了旋转产生的轴向、径向和切向
速度的分布规律,为后续的转静盘腔流动
换热特性研究奠定了基础。

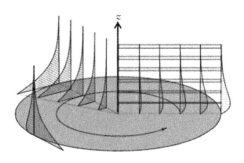

图 4.5　自由盘流动示意图

在转盘的轴向位置增加静盘并形成转静盘腔系后,其流动和换热特性与自由
盘相比会发生显著变化,当时普遍存在两种观点,一种是认为流体在转盘和静盘都
存在独立的边界层,前者是径向外流后者是径向内流,并且在两个边界层中存在着
一个旋转核心(图 4.6 中的 Batchelor 流动)。

另一种观点认为转盘的边界层切向速度为 Ω_r,并沿着轴向在静盘表面减小至
0,实际上否认了旋转核心的存在(图 4.6 中的 Stewartson 流动)。

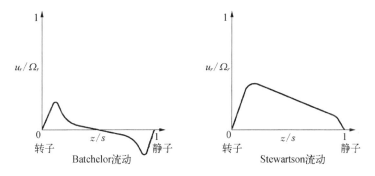

图 4.6　两种盘腔流动形式速度分布

事实上,转静盘腔的流动形式不是唯一的。对于无外部供气的转静盘腔,现在
的做法是将内部流态按照旋转雷诺数和盘腔间距比划分为不同的区域,如图 4.7
所示,分别为小间隙的库塔流动(①③)、封
闭系统大间隙层流流动(②)和封闭系统大
间隙湍流流动(④)。

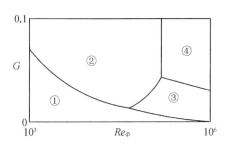

图 4.7　四种盘腔流动形式分布

对于有供气的旋转盘腔,在大多数工况
下,盘腔高半径呈现 Batchelor 流动特征,即
转盘壁面流体径向外流而静盘壁面流体径向
内流,且流体的平均切向速度远高于其平均
径向速度。盘腔低半径则呈现 Stewartson 流

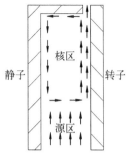

图 4.8 典型转静盘腔内部流态

动特征,即流体不存在径向内流,全部都是径向外流,且流体的平均径向速度要远高于其平均切向速度。根据径向位置的高低,可近似地将转静盘腔的流动换热特征从低半径到高半径分别划分为源区(source region,SR)和核区(core region,CR)。源区的定义是流体具有径向速度而切向速度为零,核区的定义是流体具有切向速度而径向速度为零。这是一种理想化的定义方式。典型转静盘腔内部流态如图4.8所示。

但是这种流态划分也存在着局限性,如源-核区域的划分过于绝对等。目前有学者将转盘的流动换热分为三个区域如图4.9所示,分别为源区(射流控制区)、混合控制区和核区(旋转控制区)。其认为源区与核区并不是突变的,而是存在一个混合区(mixed area)。

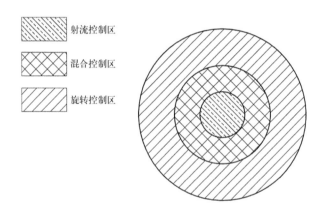

图 4.9 三种流动形式分布示意图

最新研究表明,可以用旋转雷诺数表征流体切向速度,次流无量纲流量表征流体径向速度,二者速度的相对大小决定了转盘的换热由哪个因素控制。另外,源区和核区的换热存在明显的差异,核区流体换热径向梯度明显要低于源区流体。因此,可以用盘腔流体的绝对速度作为变量来计算盘腔的换热。

通过图 4.10 中绝对速度假设,可以得到盘腔换热公式如下。

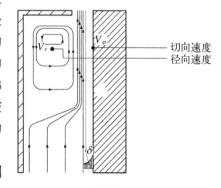

图 4.10 转静盘腔流动示意图

当 $\lambda_T > 0.2854$ 时,有

$$Nu_r = 0.00363\left\{\left[r\sqrt{(\Omega r)^2 + (m_c/2\pi rS\rho)^2}\right]/\nu\right\} \quad (4.15)$$

当 $\lambda_T < 0.2854$ 且 $0 < r^* < r_s^*$ 时,有

$$Nu_r = 0.00363\left\{\left[r\sqrt{(\Omega r)^2 + (m_c/2\pi rS\rho)^2}\right]/\nu\right\} \quad (4.16)$$

当 $\lambda_T < 0.2854$ 且 $r_s^* < r^*$ 时,有

$$\begin{aligned}
Nu_r &= 0.00129\left\{\left[\sqrt{(\Omega r)^2 + (m_c/2\pi rS\rho)^2}\, r\right]/\nu\right\} \\
&+ 0.00363\left\{\left[r_s^* b\sqrt{(\Omega r_s^* b)^2 + (m_c/2\pi rS\rho)^2}\right]/\nu\right\} \\
&- 0.00129\left\{\left[r_s^* b\sqrt{(\Omega r_s^* b)^2 + (m_c/2\pi rS\rho)^2}\right]/\nu\right\}
\end{aligned} \quad (4.17)$$

其中, λ_T 为湍流参数; r_s^* 为源核分界线径向无量纲半径; r^* 为径向无量纲半径。

图 4.11 为转静盘腔换热系数理论与数值结果计算对比。由图可知整体上理论计算结果比较好地预测了盘表面换热系数的分布。

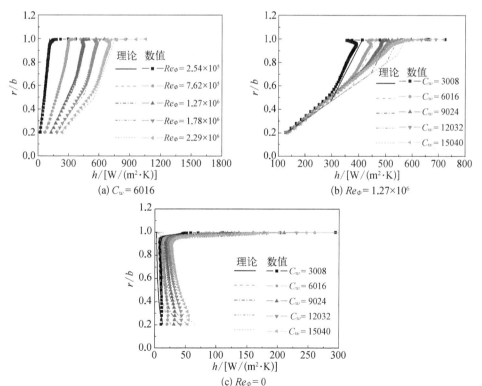

(a) $C_w = 6016$

(b) $Re_\Phi = 1.27 \times 10^6$

(c) $Re_\Phi = 0$

图 4.11　理论与数值计算结果对比

4.3　热 分 析 方 法

求解导热物体温度分布和热流的方法主要有两种：① 数学分析求解方法；② 数值解法。第一种方法对简单模型能够给出温度分布的精确公式，但模型复杂时求解便非常困难，只能求助于数值解法。组合压气机零件特别是盘腔结构非常复杂的零件，因此主要以数值解法为主。

4.3.1　数学分析求解方法

下面分别以二维平板和旋转轮盘对数学分析方法进行介绍。以基础二维平板稳态导热为例，描述该导热过程的方程为

$$\frac{\partial^2 t}{\partial x^2} + \frac{\partial^2 t}{\partial y^2} = 0 \tag{4.18}$$

边界条件为

$$
\begin{aligned}
&y = H,\ t(x,\ H) = f(x) = \Delta T \sin(\pi x/L);\\
&x = 0,\ y = 0,\ x = L,\ t = 0
\end{aligned}
\tag{4.19}
$$

经过一系列数学推导，可以得到：

$$t(x,\ y) = \Delta T \frac{\text{sh}(\pi y/L)}{\text{sh}(\pi H/L)} \sin(\pi x/L) \tag{4.20}$$

针对旋转轮盘，在计算之前，进行如下假设：① 轮盘是等厚度的；② 轮盘外环面不考虑叶片，假设为切向均匀面；③ 轮盘两侧的换热系数相同，因此取其厚度的 1/2 进行计算；④ 在同一半径上轮盘的温度相同，不考虑温度沿轴向的变化，因此可以简化为一维模型，如图 4.12 所示。

在柱坐标系下，轮盘的一维导热微分方程可以表示为

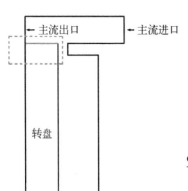

图 4.12　温度一维模型

$$
\begin{aligned}
\frac{\mathrm{d}^2 T(r)}{\mathrm{d}r^2} + \frac{1}{r}\frac{\mathrm{d}T(r)}{\mathrm{d}r} &= \frac{h(r)P}{\lambda A}\big(T(r) - T_{\text{ref}}\big)\\
&= \frac{h(r)}{\lambda a}\left[T(r) - T_{\text{in}} - Pr^{1/3}\frac{\Omega^2 r^2}{2c_p}\right]
\end{aligned}
\tag{4.21}
$$

其中，A 为面积；P 为参与换热的截面周长；a 为计算模型厚度（轮盘厚度的 $1/2$）；λ 为空气导热系数。由于 $h(r)$ 的表达式的复杂性，无法通过解方程获得解析解，取盘侧面的平均换热系数代替当地换热系数，则式（4.21）变成：

$$\frac{\mathrm{d}^2 T(r)}{\mathrm{d}r^2} + \frac{1}{r}\frac{\mathrm{d}T(r)}{\mathrm{d}r} = \frac{h(r)P}{\lambda A}\left(T(r) - T_{\mathrm{ref}}\right) = \frac{h_{\mathrm{av}}}{\lambda a}\left[T(r) - T_{\mathrm{in}} - Pr^{1/3}\frac{\Omega^2 r^2}{2c_p}\right]$$

$$(4.22)$$

解为

$$T(r) = c_1 I_0(Wr) + c_2 K_0(Wr) + T_{\mathrm{in}} + Nr^2 + 4N/W \qquad (4.23)$$

式（4.23）给出了转盘温度分布计算表达式。对于系数 c_1 和 c_2，可以通过求解能量守恒获得其系数值。

盘腔边界条件为

$$r = r_i, \frac{\mathrm{d}T(r)}{\mathrm{d}r} = 0; \ r = b, \ T(r) = T_b \qquad (4.24)$$

可得

$$c_1 = \left[(T_b - T_{\mathrm{in}} - Nb^2 - 4N/W)K_1(Wr_i) - 2NK_0(Wb)\right] \\ /\left[I_0(Wb)K_1(Wr_i) - I_1(Wr_i)K_0(Wb)\right] \qquad (4.25)$$

$$c_2 = \left[2NI_0(Wb) - (T_b - T_{\mathrm{in}} - Nb^2 - 4N/W)I_1(Wr_i)\right] \\ /\left[I_0(Wb)K_1(Wr_i) - I_1(Wr_i)K_0(Wb)\right] \qquad (4.26)$$

假定转盘的换热处于稳定状态，则从转盘外环面导入的热量应等于从转盘侧面导出的热量，其方程可以表示为

$$Q_r = \int_0^{2\pi}\int_{r_i}^b h(r)\left[T(r) - T_{\mathrm{ref}}\right]r\mathrm{d}r\mathrm{d}\theta = Q_z = 2\pi b\int_0^a h_z(z)\left[T_{\mathrm{aw}}(z) - T_b\right]\mathrm{d}z$$

$$(4.27)$$

对于上式，可以采用牛顿-拉斐尔迭代方法进行求解，最终获得了系数 c_1 和 c_2 的值以及温度理论表达式。

4.3.2　离散数值求解方法

稳态导热问题的分析解法至今只能解决如平板、圆筒等类简单几何形状及边界条件的导热过程；但大量的稳态导热涉及几何不规则与（或）边界条件复杂的物体，它们只能近似采用下述数值方法求解。这种方法将导热基本方程及其边界条件方程一起转换为一组联立的代数方程式，然后利用电子计算机求解温度场及热

流量,通常用的数值方法是有限差分法。以下结合二维导热问题加以阐述。

根据差分方程,有

$$\frac{\mathrm{d}t}{\mathrm{d}x} = \lim_{x \to 0} \frac{\Delta t}{\Delta x} \cong \frac{t(x + \Delta x) - t(x)}{\Delta x} \tag{4.28}$$

同理可得

$$\frac{\mathrm{d}^2 t}{\mathrm{d}x^2} \cong \frac{t(x + \Delta x) - 2t(x) + t(x - \Delta x)}{\Delta x} \tag{4.29}$$

将某二维导热体等间距 Δx、Δy 均匀分割成有限数目的网格,每个网格看作一个温度均匀的单元,其温度以网格的中心点的温度来代表,温度在相邻网格间按线性变化,各网格的节点用序号代表,因此差商表示式为

$$\left(\frac{\partial t}{\partial x}\right)_{ij} = \frac{t_{i+1,j} - t_{i,j}}{x_{i+1,j} - x_{i,j}} = \frac{t_{i+1,j} - t_{i,j}}{\Delta x} \tag{4.30}$$

式(4.30)为节点的偏微商被步长向前的差商代替时的表示式,当步长向后时则为

$$\left(\frac{\partial t}{\partial x}\right)_{ij} = \frac{t_{i,j} - t_{i-1,j}}{\Delta x} \tag{4.31}$$

无内热源常物性稳态二维导热微分方程为

$$\frac{\partial^2 t}{\partial x^2} + \frac{\partial^2 t}{\partial y^2} = 0 \tag{4.32}$$

取节点的中心差分格式,并取 $\Delta x = \Delta y$ 时,上式改变为

$$t_{i,j} = \frac{1}{4}(t_{i+1,j} + t_{i-1,j} + t_{1,j+1} + t_{i,j-1}) \tag{4.33}$$

式(4.33)为均匀网格的节点温度表示式,它用节点四周节点温度的平均值表示节点温度。对全部各节点写出类似上式的方程后便构成一个线性代数方程组,用来代替原来的微分方程以求解其温度场。

边界条件的差分方程视不同类边界条件而不同。第一类边界条件给定边界处的温度,即边界节点的温度,一般可直接用于计算。在第二类及第三类边界条件下,边界节点的温度包含在边界节点的温度方程中,和内节点温度方程组成线性方程组。如第三类边界条件时,可以利用边界节点处热稳定状态下的热量平衡原理来建立其节点方程。

4.4　温度场计算与分析

应用于实际工程上的组合压气机的热分析包括流固耦合热分析和固体热分析两种方法。压气机盘腔结构相对复杂,盘腔复杂壁面难以划分流体计算所需的边界层网格,且流固耦合计算会消耗大量的计算资源,因此流固耦合方法在工程上未被广泛使用。

固体热分析则是从流体计算中读取热边界,计算速度快,资源消耗少,精度虽然低于流固耦合方法,但经修正后通过与实验结果对比,在工程上是可以接受的。固体热分析主要分成二维和三维温度场计算,三维温度场计算主要是针对压气机的叶片盘,其目的在于获得叶片盘的强度等特性;二维计算主要是针对压气机整体进行计算,其结果主要用于转子动力学分析、拧紧力矩计算和变形计算等。下面对组合压气机热分析流程进行介绍。

4.4.1　计算输入

组合压气机温度场计算给定的条件如下。

(1) 发动机总体提供"某发动机典型工作循环及截面参数计算"文件,规定其中需要强度、振动计算校核的状态。若为瞬态计算,需提供发动机运行的载荷谱,典型载荷谱如下。典型工作循环图谱如图 4.13 所示。

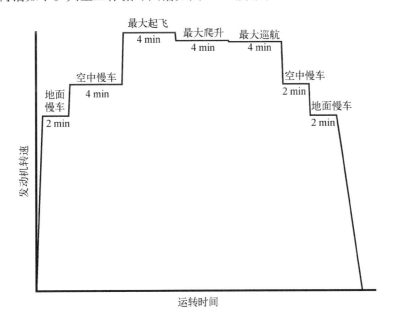

图 4.13　典型工作循环图谱

(2) 气动设计数据。转速(r/min);各排叶片数;叶片最大厚度(或厚度分布)(mm);子午流面根、尖流道气动参数:需要提供流道的笛卡儿坐标三个分量(mm)、沿流程的总压(Pa)、总温(K)、轴向速度分量(m/s),径向速度分量(m/s),绝对周向速度分量(m/s)等。

(3) 结构设计数据。包含计算零件的 CAD 总图(整机或压气机);计算零件的 UG 装配模型(若为单个零件,需保证零件的坐标原点与装配模型一致)。

(4) 空气系统数据。引气位置处的静压(Pa);引气位置处的总温(K);引气位置处的泄漏量(g/s)及流动方向。

(5) 材料数据。提供计算零件的材料牌号,通过检索《压气机传热分析常用材料库》查询相应材料数据,如果所用材料在文件中不包含,可查询《中国航空材料手册》。

4.4.2 计算流程

1. 计算流程及工具

压气机热分析中,基本流程(图 4.14)主要包括以下三步。

(1) 计算主流道部分的换热系数和参考温度。采用气动的计算结果为输入,计算内外流道的换热系数和参考温度。

(2) 计算二股气流的换热系数和参考温度。使用 CFD 软件的流固耦合功能,计算过程中,先建立流固耦合计算模型,加载前面计算得到的主流道换热系数和参考温度,同时加载二次流空气流量的边界条件,通过 CFD 计算得到二股气流的换热系数和参考温度。

(3) 根据前面计算得到的换热系数和参考温度,利用温度场计算软件,计算零件的稳态和瞬态温度,瞬态温度计算时,边界条件根据具体情况确定变化方式,一般使用线性

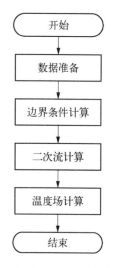

图 4.14　压气机热分析基本流程

变化即可,在进行温度场计算时,有些边界条件如封闭腔、滑油腔、短舱的边界条件仅仅是根据经验确定的,这与压气机具体的几何条件和使用环境有关。

2. 边界条件计算

1) 主流道边界条件计算

采用平板经典换热公式(特征尺寸取子午面的流道长度)计算内外流道的换热系数,再采用一维插值方法即可得到叶片换热系数及参考温度,需要注意的是,对于转子采用相对总温作为流体参考温度,对于静子采用绝对总温作为流体参考温度。

对于静止叶片的边界条件,假定为一维管流情况,在速度发生变换的区域如扩压器叶片通道中,换热系数为线性变化,其余区域为一稳定不变值,计算叶轮外罩

换热边界采用相同的方法。

2）次气流边界条件计算

（1）外界空气开放边界。对于开放环境的换热边界,采用自然对流换热经验系数,特征温度取外界温度,换热系数根据工程经验选取。

（2）封闭腔边界。对于封闭腔的换热边界,采用自然对流换热经验系数,特征温度取封闭腔的温度,换热系数根据工程经验选取。

（3）引气对流腔边界。对于有二次流动的引气边界,采用平板换热经验公式计算对流换热系数。

（4）滑油边界。滑油边界给滑油换热经验参数,特征温度取滑油温度,换热系数根据工程经验选取。

（5）滑油空气混合边界。滑油空气混合边界给滑油换热经验参数,特征温度取混合腔引气温度,换热系数根据工程经验选取。

（6）封严篦齿边界。对封严篦齿的风阻温升进行计算,封严篦齿的结构和几何参数如图 4.15 所示,主要计算过程和公式如下。

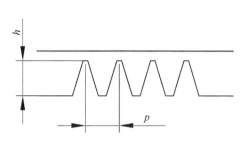

图 4.15　封严篦齿结构及几何参数示意图

在静子表面的流动剪切应力：

$$\tau_s = 0.5 \times C_{fs} \times \rho \times \omega^2 \times R_r^2 \qquad (4.34)$$

其中, C_{fs} 为封严静子上的表面摩擦系数。

作用在泄漏气流的风阻热功率：

$$Q_h = M_s \times \omega \qquad (4.35)$$

风阻热功率产生的气体温升：

$$\Delta T_a = \frac{Q_h}{(c_p \times \dot{m})} \qquad (4.36)$$

篦齿换热对流换热 Nu 数由迪图斯-贝尔特(Dittus – Boelter)公式得到：

$$Nu = 0.023 Re_\varphi^{0.8} Pr^{0.3} \qquad (4.37)$$

4.4.3　温度场计算

1. 二维温度场计算

热分析采用与强度计算相同的模型和网格,对于带叶片的整体 2D 模型计算问题,模型中主要包括两种单元,一种是轴对称单元,另一种是壳单元,其中静止叶片采用等厚度,转子叶片也可以采用等厚度,但是想要更精确地求解,则需要采用变厚度,在材料库中定义零件的材料,并将材料编号赋给单元属性。二维温度场计算网格如图 4.16 所示。

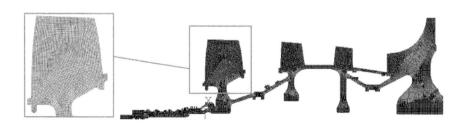

图 4.16 二维温度场计算网格

在温度场计算软件中,边界条件可以直接加载到几何上,也可以加载在单元上,还可以加载到节点上。边界条件的加载方式可以采取直接给定数值,也可以采用表格方法加载,还可以采用文件方法加载。对于简单的边界条件,如除主流道、叶片、叶轮背等复杂边界之外的位置,可以采取直接赋值的方法加载,而对于复杂的边界位置,必须采用表格方式或文件方式加载。另外为了保证温度的连续性,需要在温度场计算软件中耦合节点的温度。

图 4.17 为组合压气机二维温度场计算结果,由图可以看出,由于叶轮不断做功,温度越来越高,且叶片尖部温度要高于叶片根部,离心叶轮背腔的温度高于前腔的温度,整体上温度场计算结果分布与理论分析一致。

图 4.17 二维温度场计算结果

2. 三维温度场计算

对不同的叶片盘分别按照周期切出一个扇形,将扇形的两个端面分别设置成周期面,温度场计算模型通常采用非结构化网格,每个压气机叶片排的网格数为 50 000~100 000 个,如图 4.18 所示。

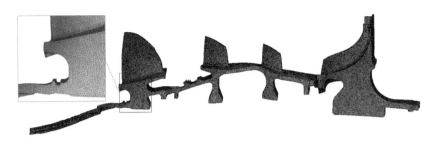

图 4.18　三维温度场计算网格

对于叶片及轮毂流道的热边界,通常采用二维矩阵的方法进行加载,使不同轴向位置和径向半径具有不同的热边界。对于盘腔内部,则通常按照半径高度给定换热系数和流体参考温度,对于材料的属性需给定热导率、比热容和密度。将盘与盘之间接触的面设置为耦合面,使其通量守恒。

图 4.19 为压气机稳态计算结果,由图可以看出,随着离心叶轮做功,流体焓值和温度增加,使得固体温度增加,由于离心叶轮背腔向涡轮引气,其温度明显高于叶轮进口,整体上与图 4.17 二维计算温度分布趋势一致。

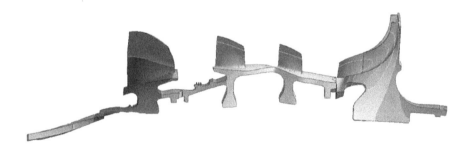

图 4.19　三维温度场计算结果

第 5 章
组合压气机强度设计

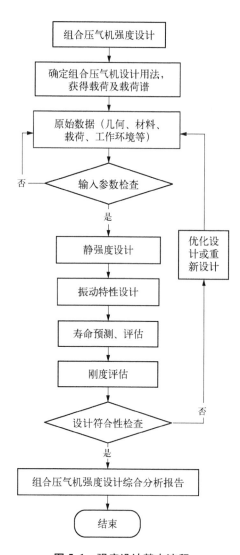

图 5.1 强度设计基本流程

组合压气机在高温、高压和高转速的严酷环境下工作,承受相互耦合作用的机械、热(温度)和气动载荷,同时要求有较长的设计使用寿命。因此,组合压气机的结构强度问题突出,对飞行器的安全性、耐久性和任务成功率存在重大影响。组合压气机强度设计与其他类型的发动机压气机设计类似,涉及静强度、振动、疲劳、包容性、外物损伤等方面。

强度设计基本流程如图 5.1 所示。结构强度设计的主要准则如下:

(1) 具有足够的静强度储备;

(2) 满足变形限制要求;

(3) 防止有害共振,具有足够的高循环疲劳强度储备;

(4) 具有足够的低循环疲劳寿命;

(5) 具有足够的抗外物损伤能力;

(6) 防止轮盘破裂;

(7) 提供足够的损伤容限。

5.1　静　强　度　分　析

在进行组合压气机各零部件静强度分析前,需明确组合压气机的设计用法,确定组合压气机中各零部件需承受的限制载荷和极限载荷。其中,限制载荷为在设计使用寿命期内,按设计用法工作时,零部件预计会受到的最大载荷。通常要求在限制载荷下,零件的弹性变形对发动机的工作和性能无重要影响,受限制载荷作用后,零件不产生有害的永久变形并能继续正常工作。极限载荷在发动机正常工作中并不出现,极限载荷要求是在误操作等各种非正常情况下,为保证结构不发生破坏而预留的强度储备。通常要求在极限载荷作用下,零部件不发生破坏,但允许产生永久变形,而且不要求零部件能继续使用。通常由放大系数乘以限制载荷得到极限载荷。

组合压气机静强度设计工作主要有:叶片(含动、静叶)的静强度设计,轮盘(含整体叶盘、离心叶轮)的静强度设计,轴、机匣等零部件的静强度设计,以及转子轴向预紧力设计分析等。

5.1.1　分析方法

轮盘、叶片、轴及机匣等结构因大应力导致的一般静强度问题,可采用经典力学方法或有限元法进行分析;通常采用三维接触有限元分析方法来确定转子的轴向预紧力。

1. 经典力学分析方法

经典力学分析方法采用基本的力学公式完成组合压气机的静强度初步评估。本节简要介绍叶片和轮盘的经典力学分析方法。

1) 叶片

叶片强度计算的传统方法是基于一维梁(杆)理论,即把叶片视为变截面梁,并作如下基本假设:梁变形后,其横截面仍然保持平面;气动压力中心、叶型扭转中心和型面形心三者重合;只考虑由叶片离心力引起的扭矩,不计气动力引起的扭矩。根据以上假设,叶片的拉伸应力为

$$\sigma_P(Z) = F(Z)/A(Z) \tag{5.1}$$

其中, $F(Z)$ 为叶片离心力; $A(Z)$ 为叶片横截面积。

总弯曲应力包括离心弯曲应力和气动弯曲应力,计算公式为

$$\sigma_{\text{beni}}(Z) = \frac{M_\xi(Z)}{I_\xi(Z)}\eta_i(Z) - \frac{M_\eta(Z)}{I_\eta(Z)}\xi_i(Z) \tag{5.2}$$

其中，$M_\xi(Z)$、$M_\eta(Z)$ 分别为主惯性轴 ξ、η 方向上的弯矩；$I_\xi(Z)$、$I_\eta(Z)$ 分别为 Z 截面的最大、最小主惯性矩；$\eta_i(Z)$、$\xi_i(Z)$ 分别为 Z 截面特征点 i（$i = A$、B、C、D）对 η、ξ 轴的坐标，如图 5.2 所示。

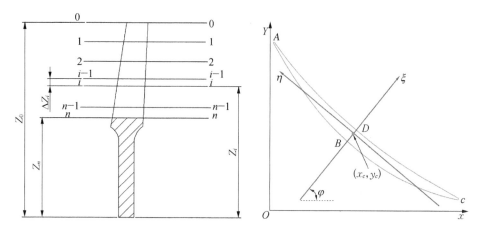

图 5.2　叶片截面特征点

总应力为

$$\sigma_i(Z) = \sigma_p(Z) + \sigma_{\text{beni}}(Z) \tag{5.3}$$

叶片的径向位移为

$$u = u_Z + u_T = \frac{1}{E}\int_{Z_{br}}^{Z_{bt}} \sigma_p(Z)\,\mathrm{d}Z + \alpha\Delta T l \tag{5.4}$$

其中，u_Z 由平均离心拉伸应力引起的叶片径向位移；u_T 由温升引起的叶片径向位移；ΔT 为温升；l 为叶身长度。

2）轮盘

轮盘的常规计算分析中，有三个基本假设：轮盘的材料连续、均匀、各向同性，并处于完全弹性状态；薄盘满足平面应力条件；轮盘为轴对称结构。基于这三个假设，轮盘的应力、位移微分方程为

$$\sigma_r = \frac{E}{1-\mu^2}\left(\frac{\mathrm{d}u}{\mathrm{d}r} + \mu\,\frac{u}{R}\right) - \frac{E\alpha\Delta T}{1-\mu} \tag{5.5}$$

$$\sigma_t = \frac{E}{1-\mu^2}\left(\frac{u}{R} + \mu\,\frac{\mathrm{d}u}{\mathrm{d}r}\right) - \frac{E\alpha\Delta T}{1-\mu} \tag{5.6}$$

其中，R 为轮盘半径；u 为位移；σ_r 为径向应力；σ_t 为周向应力；μ 为材料的泊松比；

E 为材料的弹性模量；α 为材料的线膨胀系数；ΔT 为微元体温度相对常温时的温差。

由式(5.5)、式(5.6)结合温度场的经验公式可得出轮盘的应力和位移。

对于轮盘,通常还需计算其破裂转速。对于子午截面破裂,计算公式为

$$n_1 = n\sqrt{\dfrac{\sigma_b}{\sigma_t}} \tag{5.7}$$

其中,n_1 为子午截面破裂转速;n 为工作转速;σ_b 为强度极限;σ_t 为平均周向应力。

对于圆柱截面破裂,计算公式为

$$n_2 = n\sqrt{\dfrac{\sigma_b}{\sigma_{r\max}^{\omega}}} \tag{5.8}$$

其中,n_2 为圆柱截面破裂转速;n 为工作转速;σ_b 为强度极限;$\sigma_{r\max}^{\omega}$ 为盘上最大离心径向应力。

2. 有限元分析方法

随着计算机科学技术的发展,有限元分析方法作为目前仿真分析通用的一种分析方法,在发动机的强度分析中得到了广泛应用。其相对于经典力学分析方法,具有可以考虑各种结构、各种细节和各种载荷作用等特点,其应力计算结果更精确。

目前可用于发动机零部件有限元应力分析的软件较多,如 MSC. Software 公司的 MSC. Nastran 软件、ANSYS 公司的 ANSYS Mechanical 软件和达索旗下的 Abaqus 软件等。这些软件均能较好地完成强度分析工作。

在组合压气机静强度设计工作中,轮盘、叶片、轴、机匣等零部件的应力分析均可采用三维有限元分析方法。对于结构上具有轴对称特征的轮盘,可采用轴对称有限元应力分析方法,由此可以较大地降低计算工作量;而对于组合压气机中轴流整体叶盘、离心叶轮等,其结构上具有循环对称特征,通常采用循环对称有限元应力分析方法,图 5.3 为采用循环对称建模的离心叶轮三维网格图,图 5.4 为

图 5.3　采用循环对称建模的离心叶轮三维网格

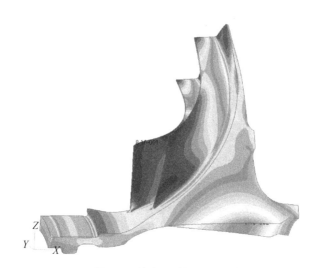

图 5.4 某离心叶轮应力计算结果(单位: MPa)

典型的离心叶轮应力分布计算结果。

3. 转子轴向预紧力分析

组合压气机转子多采用圆弧端齿及施加预紧力的中心拉杆来连接各个转动件,这种连接方式具有轴系同心精度良好及易于装拆等优点。

为保证转子的安全运转,需在装配时通过中心拉杆对圆弧端齿施加适当的轴向预紧力。如何确定预紧力的大小是一个很关键的问题:预紧力过小,转子不能正常连接和运转;预紧力过大,则会使拉杆及其他零件的强度储备出现不必要的降低。确定轴向预紧力时,必须遵循以下原则:

(1)保证转子工作时各连接面不松开,即要求预紧力大于转子工作时在各种载荷下可能出现的最大松弛力;

(2)保证转子工作时各零部件不损坏,即要求预紧力与转子工作时的其他各种载荷共同作用下也不致引起某一零部件破坏。

转子工作时,使转子松弛或压紧的因素有:离心力、气动力(包含轴向力及扭矩)、热载荷及机动载荷等。在离心力作用下,转子各部分产生径向伸长,由于泊松效应,会导致各部分轴向收缩。因此,在转子高速旋转时,其各零部件在轴向具有分离趋势。受扭矩作用时,因端齿连接面为一斜面,要传递扭矩就要产生一轴向力,这也使零件在轴向分离。由于各转子零件通常由不同材料制成且受热不均,在热载作用下,各零组件在轴向可能分离,也可能压紧。机动飞行时的惯性力及陀螺力矩引起转子弯曲、叶片飞出时不平衡力引起弯矩,它们使转子材料的相应纤维分别在轴向伸长或缩短,各零件在缩短一侧相互靠拢,在伸长一侧相互分离。

5.1.2　静强度评估

静强度评估是在应力分析的基础上,根据相关设计标准对叶片、轮盘等零件的静强度进行评判,以确定所设计零件的应力水平是否满足设计标准的要求。对于叶片,通常采用如下标准进行评估:

$$\frac{\sigma_{0.1}}{弯曲应力和拉伸应力的合应力} \geqslant K_1 \quad\quad (5.9)$$

$$\frac{\sigma_{0.1}}{拉伸应力} \geqslant K_2 \quad\quad (5.10)$$

其中,K_1、K_2 可参考《航空发动机设计手册》等设计资料确定。

对于轮盘,通常计算其破裂转速储备,即组合压气机轮盘破裂转速与最大工作转速的比值。军用发动机和民用发动机具有不同破裂转速储备要求,具体也可参考《航空发动机设计手册》等设计资料来确定。

5.2　振 动 分 析

组合压气机振动特性设计工作主要包括转子叶片、叶片盘或轴流整体叶盘的振动特性分析、离心叶轮的振动特性分析、组合压气机转子的振动特性分析等。静子部件如静叶或支板等会受到转动叶片、旋转失速或其他因素引起的激振力,由于静子部件没有离心载荷的作用,这些静子部位危险性较低。尽管在设计中必须考虑静子部分可能的振动问题,但是转动部件振动危害更大,应该在设计中避免高循环疲劳失效。

5.2.1　设计方法

对叶片、轮盘等结构进行振动特性分析,可采用经典力学方法或有限元法进行分析。

1. 经典力学分析方法

本节简要介绍叶片和轮盘的经典力学分析方法。

1) 叶片

叶片的经典力学分析方法主要基于材料力学梁理论对平板叶片、等截面叶片,无扭角或扭角很小的简单叶片进行分析,其分析简单快捷,在方案设计阶段可用来对叶片的振动特性进行简单的估算。

对于等截面叶片,其弯曲振动微分方程为

$$EI \frac{\partial^4 y}{\partial x^4} + A\rho \frac{\partial^2 y}{\partial t^2} = 0 \qquad (5.11)$$

将 $y = y_0(x)\cos \omega t$ 代入上式可得

$$EI \frac{\mathrm{d}^4 y_0}{\mathrm{d}x^4} - A\rho y_0 \omega^2 = 0 \qquad (5.12)$$

对于工作叶片,可以看作一端固装、另一端自由的悬臂梁(图 5.5)。

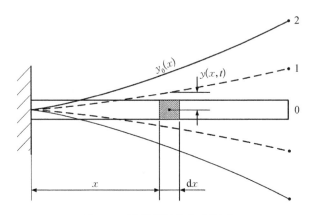

图 5.5   等截面梁的弯曲振动

对于固定端: $x = 0$, $y_0 = 0$, $\dfrac{\mathrm{d}y_0}{\mathrm{d}x} = 0$; 对于自由端: $x = L$, $\dfrac{\mathrm{d}^2 y_0}{\mathrm{d}x^2} = 0$, $\dfrac{\mathrm{d}^3 y_0}{\mathrm{d}x^3} = 0$。

由式(5.12)存在非零解可以求得

$$\omega_1 = \frac{3.515}{L^2} \sqrt{\frac{EI}{A\rho}} \qquad (5.13)$$

$$\omega_2 = \frac{22.03}{L^2} \sqrt{\frac{EI}{A\rho}} \qquad (5.14)$$

$$\omega_3 = \frac{61.70}{L^2} \sqrt{\frac{EI}{A\rho}} \qquad (5.15)$$

其中,E 为叶片材料弹性模量;I 为叶片的截面惯性矩;L 为叶片的长度;A 为叶片的截面面积;ω_1、ω_2、ω_3 分别为叶片的 1 阶弯曲、2 阶弯曲和 3 阶弯曲的自振角频率。

2) 轮盘

基于等厚度,轮盘材料连续、均匀、各向同性假设,轮盘的固有频率可以由下式确定：

$$\omega = \frac{a_{mn}}{R^2}\sqrt{\frac{D}{h\rho}} \tag{5.16}$$

其中，ω 为轮盘振动角频率；R 为轮盘半径；ρ 为材料密度；h 为轮盘厚度；D 为轮盘的弯曲刚度，$D = \dfrac{Eh^3}{12(1 - \mu^2)}$；$a_{mn}$ 为具有 m 个节径、n 个节圆振型的频率系数，见表 5.1。

表 5.1　各种等厚度轮盘振动形式的 a_{mn} 值

中 心 固 定		边 缘 固 装			
	$m = 0$		$m = 0$	$m = 1$	$m = 2$
$n = 0$	3.75	$n = 0$	10.21	21.22	34.84
$n = 1$	20.91	$n = 1$	39.78	39.78	39.78
$n = 2$	60.68	$n = 2$	88.90	88.90	88.90

2. 有限元分析方法

随着计算分析手段的发展，有限元分析方法已成为发动机主要零部件振动特性分析的强有力的工具和手段。其相对于常规的分析方法，具有可以考虑各种结构、各种细节和各种载荷作用等特点，其固有频率、振型及振动应力的计算结果更精确。

有限元动力学分析的通用运动方程为

$$[M]\{\ddot{u}\} + [C]\{\dot{u}\} + [K]\{u\} = \{F(t)\} \tag{5.17}$$

不同的分析类型对应求解不同形式的方程。

对于模态分析，则 $f(t) = 0$，$[C]$ 一般忽略。

对于谐响应分析，$F(t)$ 和 $u(t)$ 都假设为谐函数，例如 $X\sin(\omega t)$，其中 X 是振幅，ω 是频率，单位是 rad/s。

对于瞬态动力学分析，方程保持上述形式。

对于叶片来说，若是可调静子叶片或者榫头榫槽结构的工作叶片，可以采用单个叶片来进行有限元分析，对于谐调的整体叶片盘和离心叶轮，可采用循环对称模型来进行有限元分析。图 5.6 和图 5.7 为压气机叶片盘和离心叶轮有限元分析网格，图 5.8 为离心叶轮模态分析结果。

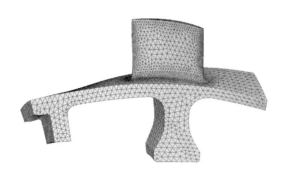

图 5.6 某压气机叶片盘网格   图 5.7 某压气机离心叶轮网格

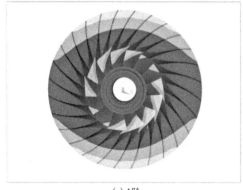

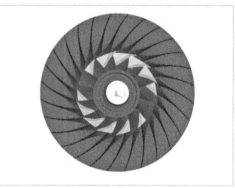

(a) 1阶   (b) 2阶

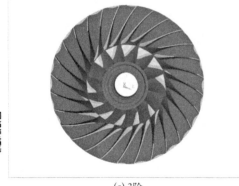

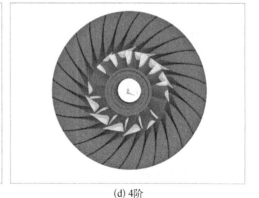

(c) 3阶   (d) 4阶

图 5.8 某压气机离心叶轮 1 节径振型图

5.2.2 振动评估

当激振力的频率与零部件的自然频率一致,而且激振力不受零部件位移影响时就会出现共振。在振动评估分析中,只要发现压气机工作范围内存在危险共振,就应该通过设计手段消除和避免共振。

判断发动机零部件结构工作时是否出现危险共振的主要工具是共振图（坎贝尔图）。借助它可判断发动机零部件结构在工作时是否出现共振，以及确定发动机结构出现共振的频率、阶次、激振源和共振转速等。

图 5.9 为某组合压气机叶片的共振图，横坐标表示压气机转速，纵坐标表示某叶片（或叶片盘）的振动频率。

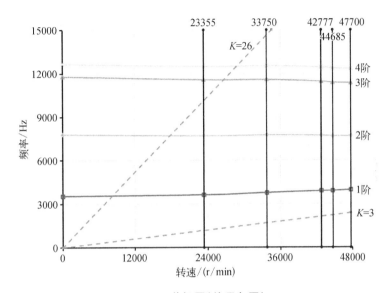

图 5.9　共振图（坎贝尔图）

图中包含两种曲线，横向实心曲线为叶片（或叶片盘）的第 i 阶频率线，即描述叶片（或叶片盘）的频率随叶片（或叶片盘）的工作状态变化的曲线；通过坐标原点的曲线，每条射线都是压气机转速的整数倍，称为激振频率线。在共振图上，叶片（或叶片盘）的频率线与激振频率线的交点称为共振点。共振点对应的转速称为共振转速。如果压气机在该转速下工作，叶片有可能发生共振。共振图中，叶片的各阶频率是指叶片的一阶弯曲、一阶扭转、二阶弯曲……叶片盘的各阶频率是指叶片盘在某节径振动形式下的各阶频率。

5.3　寿命分析

金属材料在应力或应变的反复作用下所发生的性能变化称为疲劳，疲劳破坏是工程结构和机械失效的主要原因之一。疲劳寿命是指结构或机械直至破坏所承受的循环载荷的次数或时间。

零部件的疲劳问题可以从不同的角度进行分类。在循环应力水平较低，弹性应变起主导作用时，疲劳寿命较长，称为应力疲劳或高周疲劳；在循环应力水平较高,塑性应变起主导作用时,疲劳寿命较短,称为应变疲劳或低周疲劳。

当构件在一定的温度下承受外力时,即使外力不增加,也会随着时间增加产生不可恢复的塑性变形,这个过程称为蠕变。蠕变通常是一种高温现象。在设计中,一般当构件温度达到材料熔点的 40% 时,就应考虑蠕变失效设计。在进行组合压气机寿命分析时,可根据压气机后面几级的工作温度情况,确定是否需要对其进行蠕变/持久寿命分析。

5.3.1 低循环疲劳寿命

目前主要采用安全寿命法对组合压气机的零部件进行低循环疲劳定寿。

安全寿命法是假设零件最初没有缺陷,以基于寿命分布值作为安全寿命极限,在零部件的安全寿命期间不需要检查,当达到安全寿命时,不管是否存在损伤,零部件都不再使用。

安全寿命的预测主要包括名义应力法和局部应力应变法。

1. 名义应力法

以名义应力为基本设计参数的抗疲劳设计方法称为常规疲劳设计法,也称为名义应力法。

在常规疲劳强度设计中,以零部件的名义应力 s 为参数,计入有效应力集中系数 K_σ、尺寸系数 ε、表面系数 β 和不对称循环系数 ψ_σ 等因素的影响,得到当量计算应力 s^*,用迈因纳公式按 $S-N$ 曲线的斜线部分进行累积损伤计算,由此估算出寿命。

名义应力法是用材料力学或弹性力学的方法计算名义应力,只适用于应力水平较低的高周疲劳问题。当应力水平较高,零部件的危险点发生局部屈服时,名义应力法计算误差很大。

名义应力法计算简单,在应力水平较低、循环载荷比较稳定的情况下,名义应力法仍是目前工程中广为应用的一种寿命估算方法。

2. 局部应力应变法

局部应力应变法的基本思想是:零部件的整体疲劳性能取决于最危险区域的局部应力-应变状态,即寿命分析的局部应力应变法是将结构危险点的局部应力、应变值代入适当的应变-寿命方程预估寿命。本节介绍了较常用的应变-寿命方程(Manson-Coffin 方程)。

Manson-Coffin 表达的应变-寿命方程为

$$\frac{\Delta\varepsilon}{2} = \frac{\sigma'_f}{E}(2N)^b + \varepsilon'_f(2N)^c \tag{5.18}$$

当有平均应力时,采用 Morrow 平均应力修正法,在式(5.18)中引入平均应力 σ_m,得

$$\frac{\Delta\varepsilon}{2} = \frac{\sigma_f' - \sigma_m}{E}(2N)^b + \varepsilon_f'(2N)^c \tag{5.19}$$

其中,$\Delta\varepsilon$ 为真应变变化范围;N 为疲劳寿命,$2N$ 为以反复次数计的疲劳寿命;σ_f' 为疲劳强度系数;ε_f' 为疲劳延性系数;b 为疲劳强度指数;c 为疲劳延性指数;σ_m 为危险点平均应力;E 为材料的弹性模量。

5.3.2　高周疲劳强度

高周疲劳通常由零部件的振动引起,有时可能在几分钟内就可累积达到数百万次的应力循环数。结构的高周疲劳强度由结构内任意点处稳态应力和振动应力的组合确定,即确定结构的高周疲劳强度应考虑高周疲劳和低周疲劳的复合型损伤,结构的高周疲劳强度可利用古德曼曲线(图 5.10)进行分析。图中稳态应力为发动机零部件上某点在正常工作载荷下的应力值,可用三维有限元分析进行预测;最大振动应力为该点在工作中的最大振动应力幅值,通常采用试验来获得。最大许用振动应力为该稳态应力下结构所允许承受的最大振动应力幅值,通常根据材料性能和工作环境给出。

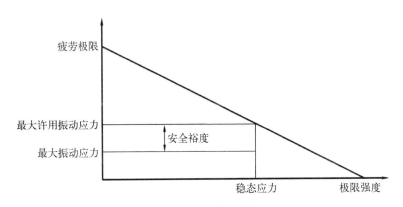

图 5.10　古德曼曲线

5.3.3　蠕变/持久寿命

当需要考虑零部件的蠕变/持久寿命时,可利用材料的热强参数综合曲线得到,计算公式如下:

$$\lg(\sigma) = \alpha_0 + \alpha_1 P + \alpha_2 P^2 + \alpha_3 P^3 \tag{5.20}$$

其中,P 为热强参数,是时间和温度的函数,取自材料手册;α_0、α_1、α_2、α_3 为材料常数。

5.3.4 损伤分析

疲劳或疲劳/蠕变破坏是一个累积损伤的过程,损伤是指在疲劳或疲劳/蠕变过程中初期材料内的细微结构变化和后期裂纹的形成与扩展。当材料承受高于疲劳极限的应力时,每一个循环都使材料产生一定的损伤。设想产生的损伤是永存的,并且在不同应力幅下循序工作所产生的累积总损伤等于每一应力水平下所产生的损伤之和。原则上这个概念很简单,实际应用中会遇到许多困难,因为如何评定任一应力水平 S_i、循环 n_i 下的损伤增量并不是很容易的。为此,不同研究者根据他们对损伤累积方式的不同假设,提出了不同的疲劳累积损伤理论,其中线性累积损伤理论,即帕尔姆格伦-迈因纳线性累积损伤法则(Palmgren - Miner 法则,简称 Miner 法则),形式简单,使用方便,在工程上得到了广泛的应用。

Miner 法则假设如下:试件能够吸收的能量极限值的到达,导致疲劳破坏。从这一假设出发,如破坏前可吸收的极限值为 W,试件破坏前的总循环数为 N,在某一循环数 n_1 时试件吸收的能量为 W_1,则由于试件吸收的能量与其循环数间存在着正比关系,因此有

$$\frac{W_1}{W} = \frac{n_1}{N} \tag{5.21}$$

这样,若试件的加载历程由 σ_1, σ_2, $\cdots$, σ_n 等 n 个不同的应力水平构成,各应力水平下的寿命分别为 N_1, N_2, $\cdots$, N_n,各应力水平下的循环数分别为 n_1, n_2, $\cdots$, n_n(图 5.11),则累积损伤为

$$D = \sum_{i=1}^{n} \frac{n_i}{N_i} \tag{5.22}$$

当损伤 D 达到 1 时,构件破裂。

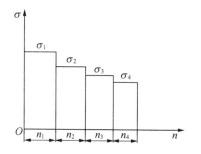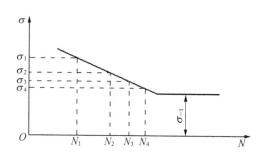

图 5.11　应力与循环示意图

同理,可采用线性累积损伤理论计算构件的蠕变/持久损伤,构件的总损伤应为疲劳损伤与蠕变/持久损伤之和。

5.4　机匣包容性分析

机匣包容性是航空燃气涡轮发动机安全可靠工作的重要技术指标之一。国内外业界对机匣包容性问题都非常重视,在民用航空适航性条例和军用航空发动机规范中都有专门条文对其作特殊要求,国外各大发动机公司也都有发动机机匣包容性试验要求。包容性试验是一种破坏性试验,且在很多情况下必须进行多次试验才能得到较为可靠的试验数据,从而导致了昂贵的试验费用。随着有限元技术的发展,特别是基于接触冲击算法的有限元分析软件的日趋成熟,机匣包容性数值模拟研究工作也有了较大发展。图 5.12 为典型组合压气机包容性数值模拟及试验案例。

单位:MPa

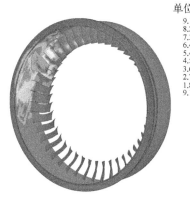

9.149E2
8.234E2
7.320E2
6.405E2
5.490E2
4.575E2
3.660E2
2.745E2
1.830E2
9.149E1

(a) 机匣包容性数值模拟　　　　　　　　(b) 机匣包容性试验

图 5.12　机匣包容性数值模拟及试验

5.5　外物损伤分析

航空发动机叶片在工作时,常常遭受到随高速气流吸入发动机的外来物损伤,称为外物冲击损伤(foreign object damage,FOD)。外物冲击损伤主要表现为在叶片局部区域出现缺口、撕裂、折断和凹坑等形式,并产生应力集中、残余应力及剪切带等现象,甚至形成初始裂纹。显然,这类损伤给撞击后的叶片寿命带来严重影响。发动机工作时受到由于正常起飞-飞行-着陆形成的低周循环载荷以及气流激振引起的高周循环载荷作用下,外物冲击损伤可以迅速导致疲劳裂纹的形成和扩展,从而大幅度降低构件的寿命,造成疲劳失效。

外物冲击损伤问题的研究通常可采用数值模拟、实验研究以及两者对比三种方法。研究的最终目的是确定外物冲击损伤对疲劳寿命的影响,这些损伤包括永久性几何变形(凹痕、凹坑等)、残余应力、残余应变或者剪切带等。数值模拟大多数是通过有限元软件模拟外物冲击、然后分析冲击损伤之后各因素对疲劳寿命的影响。常用的有显式动力有限元软件 DYNA2D、Abaqus/Explicit 等。

以往的研究大多使用试验方法,通过试验模拟外物冲击对叶片疲劳寿命的影响,疲劳试验具有很大的分散性,需要较多的重复试验,而钛合金的成本较高,因此,在某种程度上限制了该方法的广泛应用。随着有限单元法的发展,数值模拟计算在外物冲击损伤研究中的应用越来越广泛。图 5.13、图 5.14 给出了典型的组合压气机转子叶片外物损伤仿真模拟结果。

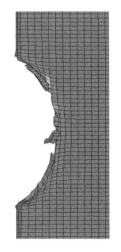
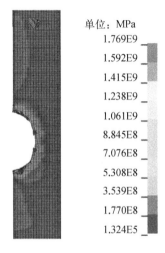

单位: MPa

1.769E9
1.592E9
1.415E9
1.238E9
1.061E9
8.845E8
7.076E8
5.308E8
3.539E8
1.770E8
1.324E5

图 5.13　转子叶片不同
前缘损伤示意

图 5.14　转子叶片损伤
残余应力分布

5.6　刚度/变形分析

组合压气机的刚度/变形设计应满足发动机设计的基本要求,即在发动机型号规范所规定的外部作用力条件下应能满意地工作,且不产生有害变形;承受相当于上述数值 1.5 倍静载时,发动机应不失效,但不要求发动机能继续满意地工作。

组合压气机零部件的刚度/变形评估通常包含在零部件的强度、振动设计中,如压气机叶片、轮盘、轴等需满足变形限制要求;压气机机匣、轴等还需满足防屈曲设计要求;在进行压气机转子动力学设计时,通过调节支承刚度来满足转子的临界转速设计要求。

第6章
组合压气机试验验证

组合压气机试验包含气动性能试验和结构强度试验。压气机气动性能试验的目的是在专门的试验设备上通过试验测量得到压气机的气动特性,用以评定压气机的性能水平。气动性能试验除了常规的总性能试验,一般还进行详细的级间参数测量。压气机结构强度试验主要是通过在专门设备上开展强度相关科目试验,获得相关零部件的结构力学特性,并检验压气机主要转子零件、机匣以及压气机叶片的强度寿命及其裕度,校验结构布局的合理性,新材料、新工艺应用的可行性等,验证压气机结构的先进性,为压气机结构设计提供重要的参考依据。

组合压气机试验验证得到的数据,不仅丰富了设计数据库,还可以与理论仿真进行对比分析,校验设计工具、气动评估方法、强度评估方法等的合理性,通过迭代修正,进一步完善压气机设计体系。

6.1 组合压气机气动性能试验

组合压气机性能试验主要包括叶栅性能试验、低速模拟试验和压气机部件性能试验三大部分。本节将简要介绍叶栅性能试验和低速模拟试验,重点介绍压气机部件性能试验。

6.1.1 叶栅性能试验

叶栅性能试验主要是为了获取叶型、叶栅的气动特性,研究叶栅通道中气流的流场和流道特性,为压气机的叶型设计提供数据,主要包括以下两类试验:平面叶栅吹风试验和环形叶栅吹风试验。

叶栅试验类型的选择应视设计研究需要、依据试验目的和具体试验条件确定。在平面叶栅风洞上,即平面叶栅吹风试验,可采用常规的壁面静压测量、多孔探针测量技术,获得叶栅叶型损失分布;如要研究更复杂的三维流动和端壁效应,则在环形叶栅试验设备上进行,通过壁面静压测量、多孔探针测量获得三维复杂流动对叶栅性能影响,通过粒子图像测速(particle image velocimetry,PIV)等先进光学测量技术可获得更详细的叶栅三维流动机理，典型的叶栅试验台及试验结果如图 6.1 所示。依据试验数据可对流场进行诊断，为压气机改进设计提供依据。

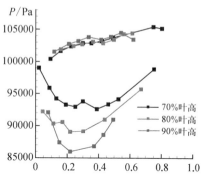

图 6.1　叶栅试验装置及典型叶片静压分布试验结果

6.1.2　低速模拟压气机性能试验

针对高速跨声压气机，可根据相似原理设计出低速模型压气机，使用低转速模型试验器模拟高转速压气机部件内流环境，这种技术最先由 GE 公司开发并用于高压多级轴流压气机研究。由于尺度大、工作环境温度低、运行成本低，可采用先进的测试技术进行详细的流场测量，获得压气机内复杂流动机理。对于组合压气机的轴流级，设计轮毂比较大，采用多级低速模拟压气机进行相关研究，可获得组合压气机轴流级内部流动机理和级间匹配机理，加深对组合压气机内部复杂流动的认识，可获得比叶栅试验更真实的气动参数分布，为组合压气机设计工具模型校验提供更准确的试验数据。典型的低速模拟压气机试验台及试验结果如图 6.2 所

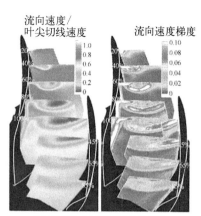

(a) 大尺寸低速车台　　　　　　　(b) 转子叶片通道PIV流场测量

图 6.2　低速压气机试验装置及典型叶栅三维流场试验结果

示。利用粒子图像测速系统可以详细测量压气机叶片通道间流场,通过对测得流场进行分析可以指导改进设计方向,优化设计方案。

6.1.3　组合压气机部件性能试验

组合压气机部件性能试验采用的是全尺寸压气机试验件,主要是为了录取压气机气动特性,验证和考核压气机部件气动性能,为发动机设计提供数据支撑;另外,根据型号研制需求视情开展内部级间流场测量,获得压气机级间匹配,诊断压气机内部流场为改进设计提供依据,为气动设计方法和工具的校核提供数据基础。

1.组合压气机性能试验车台设备

组合压气机性能试验设备的典型方案示意见图 6.3。试验时,电气系统控制电机通过增速箱驱动压气机试验件转动,空气经进气系统的流量管、进气节气门和稳压段后被吸入试验压气机,空气经压气机压缩后进入排气涡壳,再经排气管道排入大气。为了维持试验件和车台正常运转,车台设备还包括试验件轴承、增速箱轴承和齿轮润滑所需的滑油系统,测量所需配备的测试系统,试验件轴向力平衡系统,冷却水系统等。

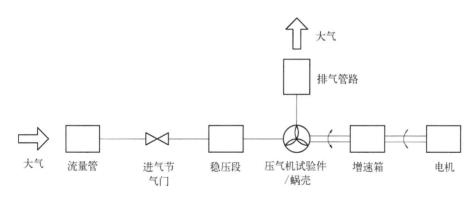

图 6.3　压气机性能试验设备典型方案示意图

2.组合压气机部件性能试验内容

从组合压气机试验件类型来说,可分为单级轴流压气机试验、单级离心压气机试验、组合轴流级试验和轴流-离心组合压气机试验四类。一般来说,除轴流级、组合压气机试验之外,在组合压气机中,由于轴流进口级负荷设计比较重、压比设计高,离心级由于受到轮毂比的限制设计难度大,这两级是组合压气机中设计难度最大的两个关键级,常常也会单独设计单级轴流和单级离心压气机试验件进行详细的性能和流场测量试验,为轴流-离心组合压气机的研制提供支撑。

按照试验科目来分,组合压气机试验内容包括总性能试验、性能调试试验、级性能试验、进口畸变试验、喘振和旋转失速试验、叶片动应力测量试验、导叶调节规律优化试验、级间引气规律试验、叶尖间隙测量试验等。

3. 组合压气机测量布置

为了获得真实全尺寸组合压气机气动特性,发动机型号研制中需要加工全尺寸组合压气机试验件,进行全尺寸压气机关键性能录取试验。图 6.4 给出某组合压气机沿流程气动参数测量截面示意图,其中前三排静子叶片为可调静子叶片(S0、S1、S2),同时在轴流和离心之间预留级间放气孔。测试布局设计中在压气机进口布置了 0-0 截面,同时在零级可调静子叶片前设置了 1-1 截面,轴流和离心之间为 2-2 截面,离心叶轮与径向扩压器之间为 3-3 截面,径向扩压器与轴向扩压器之间为 4-4 截面,压气机排气出口为 5-5 截面。

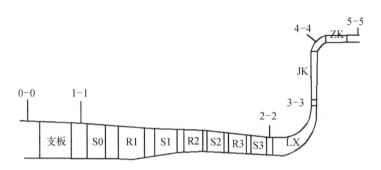

图 6.4　组合压气机沿流程气动参数测量截面示意图

为获得组合压气机总性能,需在试验件进口 1-1 截面、出口 5-5 截面布置总温、总压探针和壁面静压测点;试验件进口布置梳状探针,径向测点按等环面布置,梳状探针一般周向布置不超过 6 支;试验件出口由于通道高度仅有毫米量级,一般只布置单点总温探针和耙状总压探针,单点总温探针和耙状总压探针一般按照测量需求进行周向布置。压气机流量通过车台进气系统的流量管壁面静压测量计算得到,一般在流量管壁面测量 4~6 个点,取平均静压计算流量。为了监测和诊断组合压气机各级性能和匹配关系,在转/静子叶片的级间位置、离心叶轮外罩及叶轮下游的扩压器机匣密布置静压测点。为校核组合压气机转子和机匣等零件在工作状态下的温度分布计算结果,需在零件表面布置贴片式热电偶,测量组合压气机在不同状态下的温度场分布。通过在各级叶尖布置动态间隙监测点,叶轮外罩适当加密布置,获取组合压气机不同状态下各级热态间隙,校验转子、静子叶片变形计算结果,为发动机压气机部件的间隙确定提供依据。

组合压气机通过调整可调静子叶片角度来提高中低转速喘振裕度,试验过程中液压调节机构按照导叶调节规律调节导叶角度,采用角位移传感器对叶片角度进行实时检测。在电机输出端安装测速音轮用于测量压气机转速。

为了监测组合压气机试验过程中是否进入了喘振状态,通常在试验件进、出口布置动态压力传感器监测动态压力,监测动态压力信号的变化,研判压气机是否进入喘振状态。为了监测压气机轴向力的大小,在试验件前支承球轴承端面布置测力环测量轴向力,一旦试验过程中,轴向力接近限制值,则在试验件平衡盘前腔充高压气,平衡试验件轴向力,防止轴向力超过球轴承承载能力。为了监测试验件振动情况,在试验件的前、后支点截面位置的水平和垂直两个方向布置振动传感器,监控试验件振动水平。组合压气机试验过程中需要关注的重要参数还有弹支应力、滑油压力、滑油温度等,这些参数关系到试验件及车台的运行安全,试验过程中需要时刻关注。另外还可根据组合压气机研制需要视情开展一些专项试验,包括叶尖振幅测量、级性能测量等。

4. 组合压气机试验方法及试验流程

在完成试验前静态检查和机械运转调试后,组合压气机特性线录取分两步完成,首先进行基本性能试验(不逼喘),最后录取压气机喘振边界。

一般按转速从低到高的顺序依次录取不同转速下的压气机特性至近喘点附近。

1) 压气机基本性能试验

具体步骤:打开排气节流装置至合适开度,电气系统控制电机驱动压气机运转,跟随转速调节压气机导叶角度、引气/放气阀门开度,沿近堵点状态推到指定转速后,保持转速稳定,逐步关小排气节气门至压比需求值,停留一段时间待效率稳定(30 秒内效率变化 ≤ ±0.1%),数采系统记录各测量参数,然后再逐步关小排气节流装置至下一个状态点,记录各测量参数,直到压气机近喘点。试验时各状态点的间隔以该转速下共同工作点压比的 5% 偏差为宜,试验现场可视情选取记录点间隔规律,保证每条特性线录取不少于 7 个状态点,在最高效率点附近应加密试验状态点。

特性线录取完成后,保持调导叶角度不变,逐步打开排气节流装置至压气机回到堵点状态,然后上推转速录取下一条特性线。

2) 压气机喘振边界试验

具体的步骤为:打开排气节流装置至合适开度,运行压气机,跟随转速调节压气机导叶角度、引气/放气阀门开度,沿近堵点状态推到指定转速后,保持转速稳定,关闭快速退喘阀,按基本性能试验方法录取堵点到喘点的特性线。在近喘点附近,状态点采集间隔适当减小(加密试验状态点),待压气机喘振后,迅速打开快速退喘阀,使压气机状态回落到喘点到共同工作线之间,然后打开排气节流装置使压气机回到堵点状态。

5. 组合压气机试验分析

组合压气机性能试验完成后,获得了压气机流场压力、温度等参数,根据压比、流量、效率计算如式(6.1)~式(6.4),通过数据分析获得压气机特性曲线以及流场参数分布。随后,需要对试验结果进行性能分析,包括分析比较压气机设计点参数是否达到设计指标、分析导叶调节规律变化对压气机裕度的影响、分析级间参数分布为匹配设计提供参考、对比分析试验与数值仿真结果、分析叶尖间隙变化对性能的影响等。

试验物理流量计算方程为

$$q_m = K \frac{P^*}{\sqrt{T^*}} A q(\lambda) \tag{6.1}$$

其中，A 为流量管面积；$K = \sqrt{\dfrac{k}{R}\left(\dfrac{2}{k+1}\right)^{\frac{k+1}{k-1}}}$ 是一个与气体性质相关的常数。

换算流量计算方程：

$$G_b = q_m \frac{101\,325}{0.995 P_0^*} \sqrt{\frac{T_0^*}{288.15}} \tag{6.2}$$

试验压比计算方程：

$$\pi = \frac{1}{0.995} \frac{P_5^*}{P_0^*} \tag{6.3}$$

试验效率计算方程：

$$\eta = T_0^* (\pi^{\frac{k-1}{k}} - 1) \big/ (T_5^* - T_0^*) \tag{6.4}$$

图 6.5 为某组合压气机试验的流量-压比特性线、流量-效率特性线,对组合压气机总性能分析,通常是在等转速线上选择一个与设计流量接近的数据点,再比较该点压比、效率和颤振裕度是否大于设计指标,如满足可分析得出组合压气机设计点试验性能基本达到总体要求的结论。

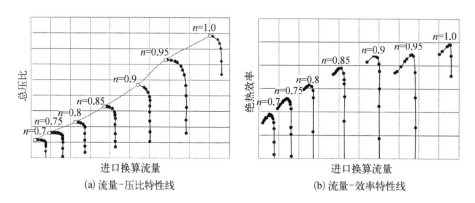

图 6.5 某组合压气机试验特性

在组合压气机试验数据分析中,通常还会比较沿程静压的试验与 CFD 计算结果,来判断组合压气机的匹配,如图 6.6 大多数组合压气机的沿程静压分布都会表现出以下趋势:压气机轴流部分的静压分布,总体来说三维 CFD 计算值与试验值比较接近;但在喘点却表现得不尽相同,轴流的静压升计算值较试验小;离心叶轮出口三维 CFD 计算值与试验值相比相差较大,主要体现在离心叶轮与径向扩压器之间强非定常性,导致难以通过 CFD 分析评估准确,三维计算值较试验值大得多;但对于整个组合压气机来说,出口静压的三维 CFD 计算值与实验值差异较小。

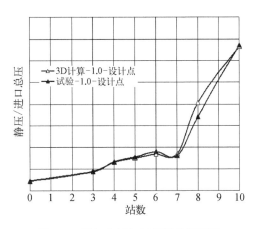

图 6.6　某组合压气机级间参数测量

通常组合压气机在 $0.9 \sim 0.95$ 折合转速都存在喘振裕度不足的问题,一般都需要进行多轮导叶调节规律优化试验。

如图 6.7 所示,其中 $n = 0.9(20, 0)$、$n = 0.95(6.3, 0)$ 这两组优化的导叶规律,可以有效地提高折合转速 $n = 0.9$、$n = 0.95$ 下的压气机喘振裕度,并且压气机效率也得到有效的提高。

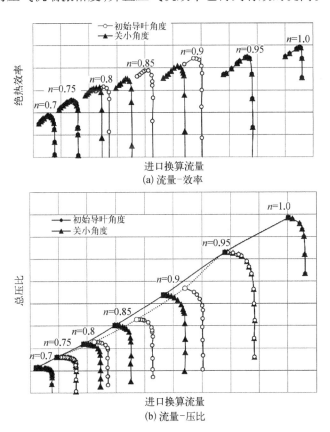

图 6.7　某压气机导叶调节规律优化试验

组合压气机性能试验,除了获得型号研制直接所需的总性能以及级匹配数据,还可以进行一些专项试验,如转子叶片顶部机匣壁面动态静压场测量试验和级间参数分布测量试验。

如图 6.8 和图 6.9 所示,利用 Kulite 动态压力传感器,测量了不同转速下首级转子叶顶动态静压分布,并对测得的动态压力信号进行分析,获得了多级压气机转/静干扰流动图像。在高转速下,首级转子叶顶测得的流场能够反映典型的超声叶栅流动特征,多级压气机存在的级间干扰作用只影响首级转子出口流场;中等转速下,级间干扰作用非常显著,影响首级转子进口,并随压气机节流级间扰动强度增大。

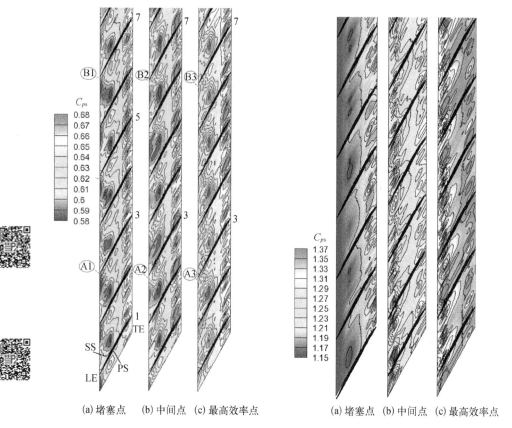

图 6.8　高转速下首级转子叶顶
动态静压系数分布

图 6.9　中等转速下首级转子叶顶
动态静压系数分布

如图 6.10 所示为获得的组合压气机喘振和失速过程首级转子流场演变过程。在不同转速下,某多级压气机失稳表现出明显差别,中高转速下为深度喘振,低转速下为轻度喘振。该转速下,喘振是由模态波扰动发展成旋转失速,随后堵塞急剧增大,最终导致压气机的流动崩溃而造成的。在整个喘振周期内一直伴随有旋转

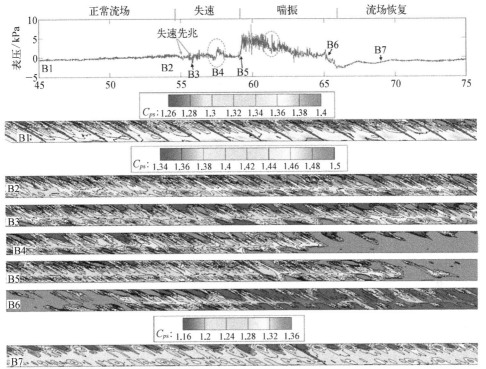

图 6.10　喘振周期的首级转子叶顶端壁动态静压系数分布

失速的产生、发展和消失——喘振和失速共存。

为了获得组合压气机级间匹配设计所需要的三维流场数据,可利用级间流场测量试验对组合压气机流场进行诊断,如某组合压气机轴流级开展了专项试验,获得了第三级转子出口流场,如图 6.11 所示。在部分转速工况下,最明显的流动特征是最高效率点压气机级间匹配不够理想,85%叶高至机匣范围与下半叶高相比,总压和马赫数明显偏低,特别是 95%叶高至机匣之间的范围更低,气流堵塞严重。这些测量结果可为该压气机的级间匹配优化提供重要的数据支撑。

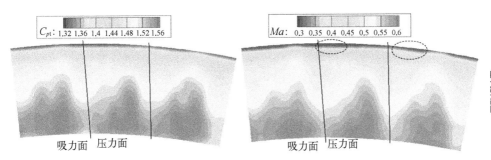

图 6.11　第 3 级转子出口总压系数和马赫数云图

6.2 组合压气机结构强度试验

组合压气机结构强度试验主要包括转子强度寿命试验、机匣强度寿命试验以及叶片寿命试验等三种类型。本节将分别进行详细介绍。

6.2.1 转子强度试验

为了保证转子结构完整性且有必要的强度裕度,我国国家军用标准《航空涡轮喷气和涡轮风扇发动机通用规范》(GJB 241A—2010)和《航空涡轮螺桨和涡轮轴发动机通用规范》(GJB 242—1987)及有关资料,均规定各种轮盘在试飞或定型之前应进行超转、超温和破裂等三类静强度试验。另外,对于组合压气机试验件来说,在条件允许的情况下,主要的转子件在部件性能试验之前应进行超转试验。

根据发动机的设计进度、试验要求和试验条件等,超转试验可在试验器上进行,也可在发动机上进行。一般大于发动机最高允许稳态转速115%的超转试验,不能在发动机上进行而只能由试验器来完成。

根据温度对轮盘强度及其材料力学性能影响大小的特点,在试验器上进行轮盘或转子的超转试验,又可以分为常温超转试验和加温超转试验。对于组合压气机的轴流叶片盘或者轮盘、鼓筒等,在工作温度不是很高的情况下,温度对轮盘强度及其材料的力学性能影响不大,可以在常温下进行超转试验。超过一定的温度,轮盘的温度效应是非常明显的,材料力学性能随温度的增加而显著变化,应开展加温超转试验。

组合压气机的叶片盘、鼓筒、离心叶轮等转子件均应按照国家颁布的发动机通用规范和适航性标准等规定的破裂转速在旋转试验器上模拟轮盘的工作限制温度,进行轮盘的破裂试验(图 6.12 和图 6.13)。验证轮盘是否具有足够的破裂裕

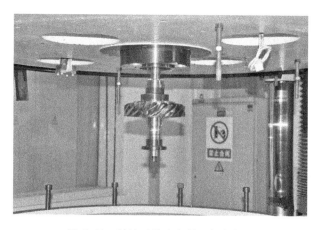

图 6.12 轴流叶片盘超转、破裂试验

图 6.13　离心叶轮超转、破裂试验

度,保证发动机结构完整性,避免其发生灾难性破坏。各型发动机规范中对轮盘破裂试验的破裂转速规定也不尽相同,大致可归纳为轮盘的破裂试验转速为其最高允许稳态转速的 122% 和 125%。

6.2.2　低循环疲劳寿命试验

低循环疲劳是指循环次数在 $10^4 \sim 10^6$ 结构就发生破坏的现象。其特点是:循环载荷较大;频率较低;材料在每一次循环中都会产生局部的塑性变形。所以又称作塑性疲劳。

低循环疲劳具有如下特征。

(1) 由于循环应力比较高,在每次循环中,局部地方会产生塑性变形,产生破坏性最大。

(2) 疲劳源一般都出现在应力集中的部位,如各类轮盘的中心孔、偏心孔、螺栓和销钉孔、轮缘、榫槽、叶片的榫头、叶根和叶缘,以及鼓筒的连接部位和轴的突变处等,并逐渐形成微裂纹,再经过慢慢扩展,当超过临界裂纹值时,最终断裂破坏。

(3) 凡按有限寿命设计的结构,或在高载荷、高温度等环境条件下工作的结构(如发动机的轮盘和叶片、机匣和燃烧室),都可能出现低循环疲劳,最终导致疲劳破坏。

(4) 热疲劳亦属于低循环疲劳。

(5) 在低循环疲劳寿命的评估中,不能采用 $S-N$ 曲线来评定寿命。因为低循环疲劳结构承受的平均应力水平较高。在循环中,局部塑性变形会随着循环次数的增加而不断地累积,因此,应力和应变失去了线性关系。

当前世界上公认的轮盘的低循环疲劳寿命的标准是:在要求条件下,在试验器上进行低循环疲劳试验过程中,或在实际飞行中,表面上有千分之一概率出现 0.75 mm 长的工程裂纹时所经历过的循环次数或飞行小时数。按低循环疲劳试验定寿时,是将完成规定(设计要求)的循环次数或刚好产生工程裂纹时的循环次数看作轮盘的疲劳寿命,并以它确定轮盘的批准循环寿命和使用循环寿命。

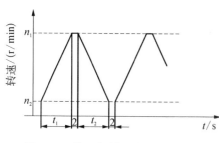

图 6.14　转子低循环疲劳试验典型循环加载程序图

组合压气机的叶片盘(轮盘/工作叶片)、鼓筒、离心叶轮等,一般都是关键件,导叶机匣、轴流机匣、扩压机匣等作为重要的承力构件,其安全性至关重要。在试车、试飞、定型和取得适航取证之前,应按通用规范、型号规范或适航性标准的要求进行真实零件的低循环疲劳试验。图 6.14 为典型的转子低循环疲劳试验循环加载程序图。

6.2.3　机匣强度试验

组合压气机上的导叶机匣、轴流机匣、扩压机匣等是重要的承载零件,对发动机飞行安全非常重要。在试车、试飞、定型和取得适航取证之前,应按通用规范、型号规范或适航性标准的要求进行静力/压力试验:要求这些重要的承载零件在工作的限制载荷下,不得出现有害的永久变形;在极限载荷条件下,不发生整体性破坏。

为承载结构件提供必要的强度裕度,我国国家军用标准《航空涡轮喷气和涡轮风扇发动机通用规范》(GJB 241A—2010)和《航空涡轮螺桨和涡轮轴发动机通用规范》(GJB 242—1987)、国家军用标准《军用直升机强度规范》(GJB 720—2012)等,均规定各种承载结构件在试飞或定型之前应进行屈服强度静力试验、极限强度静力试验、压力试验等三类静强度试验。

压气机机匣强度试验一般在试验器上进行,在试验器上试验时,能模拟试验件的真实温度和温度场当然是最理想的,但很多情况下是难以实现的。通常只是通过调节加温装置给试验件的关键部位加温,使其保证要求的温度。由于条件限制,试验器不能加温或其加温装置不能对试验件进行加温试验时,可以采用将载荷转换到在常温条件下进行试验。图 6.15 为压气机机匣静力试验实物样图。图 6.16 为压气机典型机匣压力试验示意。

图 6.15　压气机机匣静力试验实物样图

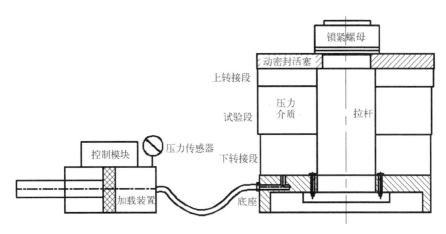

图 6.16　压气机典型机匣压力试验示意图

6.2.4　叶片振动疲劳试验

航空燃气涡轮发动机零部件振动疲劳试验的试验原理是使模拟工作约束进行固持或按技术要求的规定进行固持状态下的试验件在某阶固有频率下以一定的振幅振动,考察零部件振动疲劳性能。激振力由激振系统提供,夹具系统的质量远大于试验件的质量,用可调频的激振力激振试验件,当激振力的频率等于试验件的某阶固有频率时,使试验件在所要求的振幅下进行恒幅振动。调整振动台功率放大器输出能量的大小来调节试验件的振幅,使其保持稳定,直到产生疲劳裂纹。组合压气机叶片振动疲劳主要包括测定 $S-N$ 曲线、测定 $p-S-N$ 曲线、升降法测定疲劳极限、对比试验和故障再现试验等。一般在叶片振动疲劳试验前,需要进行叶片振动应力-振幅的标定,可以得到叶片振动应力-振幅的换算系数。图 6.17 为压气

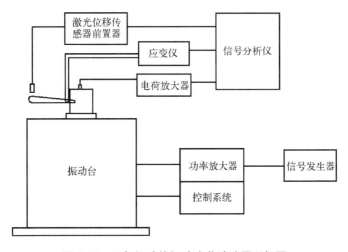

图 6.17　压气机叶片振动疲劳试验原理框图

机叶片振动疲劳试验原理框图。图 6.18 为叶片振动疲劳试验。

图 6.18 叶片振动疲劳试验

第7章

组合压气机典型故障及分析

　　组合压气机多用于中小流量航空发动机,转子大量采用整体结构、零组件数量少,转静子间隙较小。从发动机研制过程和服役情况来看,组合压气机的故障主要有性能型故障和结构强度型故障,性能型故障主要与压气机叶片相关,叶片结构失效导致压气机性能严重下降,最终表现在压比下降、压气机效率下降、发动机功率下降、耗油率过高,相对容易排除,后果也相对较小;结构强度型故障类型多,后果较为严重,一般有转静子严重碰磨、高低周疲劳损伤、喘振、轴断裂等现象,其故障比率高,对发动机安全构成主要威胁。

7.1　转静子碰磨故障

7.1.1　整体叶片盘叶片刮磨裂纹故障

　　(1)故障现象。某型发动机进行转速试验后孔探仪检查,发现连续多片三级轴流转子叶片进口前缘叶根处出现疑似裂纹,且裂纹位置一致,均位于进气边距叶根1~2 mm 位置处,叶盆和叶背均有裂纹。叶片叶根裂纹示意及孔探仪检查形貌如图7.1所示。

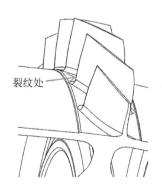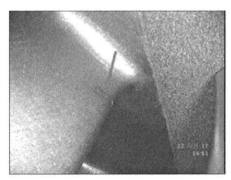

图 7.1　叶片叶根裂纹示意图及孔探仪检查形貌

（2）故障原因。发动机高转速状态下,三级轴流转子叶尖跟轴流机匣发生较为严重的碰磨,叶片叶根处出现较大的应力集中,在短时间内持续的刮磨下,造成叶片叶根处出现裂纹,裂纹表面在高频振动下相互摩擦产生局部高温,导致根部出现变色。

（3）解决措施。在保证发动机压气机性能的前提下,对压气机三级轴流转子叶尖流道进行了优化调整,进口间隙和出口间隙相应放大,其他技术状态保持不变。

7.1.2　间隔环刮磨断裂故障

（1）故障现象。某组合压气机试验件在转速磨合试验时,振动、弹支应力等无异常,推至高转速时,瞬间发生转、静子碰磨故障,停车后发现转子卡死,分解后发现间隔环中部约 1/2 环撕裂脱落、各级转子叶尖均有不同程度的烧蚀、磨损。间隔环损坏形貌如图 7.2 所示。

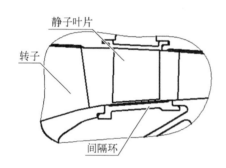

图 7.2　间隔环示意图及损坏图片

（2）故障原因。一级静子叶片与间隔环之间间隙偏小,大状态时存在至少 1 片叶片与间隔环发生剧烈刮磨,导致局部基体材料缺失,局部温度急剧上升,变形和刮磨进一步增加,间隔环强度裕度降低并最终断裂,断裂后的间隔环打坏第一级静子叶片,转子失稳,导致第一级叶片盘两片相邻前缘叶尖缺失,以及二三级静子叶片环、二三级转子盘、离心叶轮的损坏。

（3）解决措施。优化间隔环的结构,减少间隔环的变形;增大第一级叶片盘叶尖冷态间隙,提高极限状态下的安全裕度;一级静子叶片组合件状态下修磨叶尖,确保各叶片间隙分散度小;开展零件加工、装配符合性检查,保证与设计状态一致;加强试验件的监控及试验后的检查。

7.1.3　离心叶轮刮磨钛火故障

（1）故障现象。某组合压气机试验件进行性能试验时发生喘振,发现试验件出现火花,紧急停车,分解检查发现:一级转子叶片尾缘被烧伤;一级静叶之后的各级转静子叶片严重烧蚀;叶轮外罩流道面进口处至中间段刮磨严重,局部穿孔;径向扩压器叶片严重烧蚀。压气机离心叶轮外罩烧蚀后形貌如图 7.3 所示。

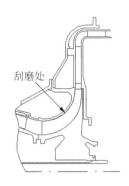

图 7.3　离心叶轮刮磨位置示意图及离心叶轮外罩烧蚀图片

（2）故障原因。离心叶轮叶尖与叶轮外罩进口至中间段叶尖间隙裕度不足,喘振时刻间隙波动导致离心叶轮在叶轮外罩进口至中间段间隙瞬间减小产生严重刮磨,钛合金离心叶片在高温高压环境下产生钛火,钛火伴随喘振气流回窜至轴流级,导致轴流级的转子叶片也产生钛火,轴流级静叶被烧蚀。

（3）解决措施。① 离心级的转静子流道设计时,考虑叶轮外罩轴向间隙减小对径向间隙(尤其是叶轮中部)的影响,即以冷热态换算的冷态间隙流道作为图样要求;② 喘振试验时需要增加出口轴向间隙,在装配时补偿喘振时叶尖间隙瞬间减小量,保证转静子间隙裕度,使其在喘振时不刮磨。

7.2　组合压气机转静子件裂纹/掉块故障

7.2.1　离心叶轮盘体掉块故障

（1）故障现象。某发动机试车时,出现疑似异物卡滞刮磨,尾喷管产生火光,下台分解检查发现:离心叶轮排气边大小叶片之间出现一处盘体掉块,叶轮外罩局部和扩压器进气边被打伤,其余零部件未见损伤,沿流道未见异物打伤痕迹;燃烧室小弯管处发现离心叶轮基体碎块。离心叶轮掉块故障部位断口宏观形貌如图 7.4 所示。

（2）故障原因。高转速下,出现由径向扩压器引起的盘缘高阶疲劳振动破坏,导致离心叶轮出口轮缘掉块。

（3）解决措施。通过离心叶轮轮缘和轮心局部加厚,径向扩压器叶片数量调

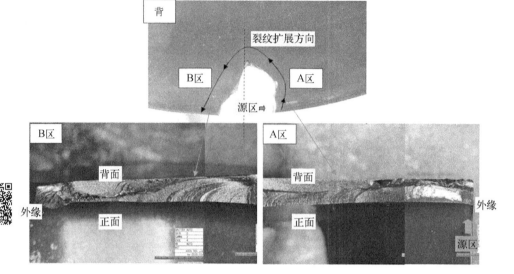

图 7.4　离心叶轮掉块故障部位断口宏观形貌

整等措施将危险高阶共振转速调离工作转速之外,从而尽可能地避免较大振动应力的产生。

7.2.2　离心叶轮叶片裂纹故障

(1) 故障现象。某发动机试验完成后分解检查发现离心叶轮三片叶片靠近轮盘排气边处有裂纹,分别长约 4.5 mm、3 mm、6 mm。通过失效分析,发现叶片裂纹故障有两个特点,一是裂纹性质为高周疲劳;二是叶片裂纹起源位置位于根部圆角与叶身连接处附近。裂纹形貌及荧光检测线性显示如图 7.5 所示。

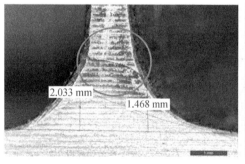

图 7.5　离心叶轮叶片裂纹形貌及荧光检测线性显示

(2) 故障原因。故障件叶片出口根部存在程度不同的"细根"及叶片偏薄的情况,导致叶片抗疲劳能力下降,在工作转速下叶片发生尾缘激振,导致叶片产生疲劳裂纹;同时,故障叶片裂纹位置表面粗糙度不满足设计要求,对裂纹扩展起到促进作用。

（3）解决措施。① 细化设计要求,不允许叶片前后缘出现"细根"的现象,前后缘半径沿叶展的变化情况应符合《叶片叶型的标注、公差与叶身表面粗糙度》（HB 5647—1998）的要求;② 改进工艺,提高叶片的加工表面质量。

7.2.3　间隔环裂纹故障

（1）故障现象。某发动机完成试车后,荧光检查时发现压气机间隔环与离心叶轮配合的安装边部位存在一条长约 12 mm 的穿透性裂纹,裂纹与轴向呈约 45°分布,裂纹附近间隔环表面可见较明显的压痕形貌,裂纹部位及附近基体表面颜色呈金属色。间隔环裂纹形貌如图 7.6 所示。

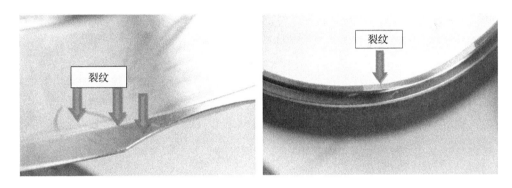

图 7.6　间隔环裂纹形貌

（2）故障原因。间隔环为薄壁件,且开有引气槽结构,转接圆处存在应力集中,同时间隔环与离心叶轮配合间隙设计不合理,导致间隔环故障件强度、寿命不足,装机后出现疲劳裂纹。

（3）解决措施。① 对间隔环前后止口配合关系进行优化设计以减小接触应力;② 对间隔环月牙槽结构进行优化,避免其与离心叶轮月牙槽直接接触。

7.2.4　扩压器叶片根部裂纹故障

（1）故障现象。某发动机试车后,荧光及体式镜检查发现径向扩压器叶片进气边 R 部位叶片存在均有微裂纹。扩压器裂纹位置及局部放大形貌如图 7.7 所示。

（2）故障原因。径向扩压器叶片根部前缘裂纹是由于径向扩压器叶片根部前缘厚度薄、应力高,静强度极限储备系数低于设计要求;同时,在最大状态转速附近,离心叶轮尾流激励频率接近径向扩压器高阶固有频率,激起径向扩压器叶片高

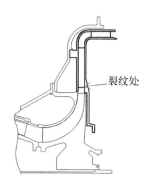

图 7.7　扩压器裂纹位置及局部放大形貌

阶振动,导致径向扩压器叶片根部产生疲劳裂纹。

（3）解决措施。① 进行设计改进,加大叶片前缘 R 角,降低叶片前缘应力水平;② 进行工艺改进,开展了电火花及磨粒流加工工艺试验,确定了相应的工艺流程和参数,并已落实到相关的工艺文件中。

第8章
组合压气机未来发展

在未来中小型航空发动机低油耗、低成本、高推重比和高可靠性需求的推动下,中小型航空发动机组合压气机的发展趋势始终是在保持并尽可能改善效率水平的基础上增加压比,扩大失速边界,并具备良好的性能保持、重量轻、寿命长、结构简单和零件数少等特征。在组合压气机气动热力方面,大量采用先进的气动设计和分析技术将是未来技术发展的一大特点;在结构和材料方面,结构的持续简化和轻质,新材料、新工艺的应用是未来技术发展的方向。

8.1　先进气动设计技术

8.1.1　复合弯掠叶片设计技术

复合弯掠叶片可以改变叶片对气流的作用力大小和方向,使叶片槽道中气流流动模式有别于常规的叶片。在保证叶片强度的前提下,改变叶片的空间积叠可以更合理地组织叶片槽道中的气流流动,为叶片设计提供了又一个新的设计变量,使设计者可以更灵活、更有效地设计出符合流动规律的高性能叶片,这种设计方法称为三维设计,并已开始应用于风扇/压气机气动设计中。在发动机图册中看到的"古怪"风扇前缘、叶尖前倾(或前掠)的风扇/高压压气机的动叶、周向弯曲的静叶等,都是三维设计的结果,见图8.1和图8.2。

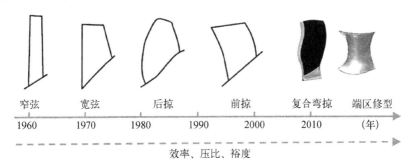

| 窄弦 | 宽弦 | 后掠 | 前掠 | 复合弯掠 | 端区修型 |
| 1960 | 1970 | 1980 | 1990 | 2000 | 2010 | (年) |

效率、压比、裕度

图 8.1　叶片发展趋势

图 8.2 复合弯掠叶片设计示例

在转子中使用复合弯掠叶片的难点主要在于变形控制,即如何在保证性能最优的前提下,控制转动后转子的变形,使得发动机在全转速范围内叶型变换不至于过大。如图 8.3 所示给出了某压气机转子直叶片与掠叶片的积叠轴对比,该叶片尖部前掠 6 mm,周向最大偏移 3 mm。

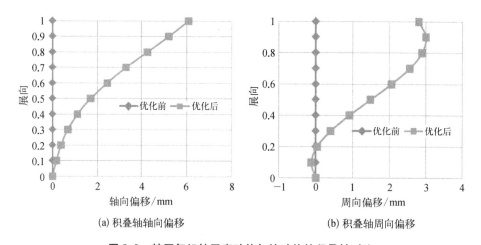

(a) 积叠轴轴向偏移 (b) 积叠轴周向偏移

图 8.3 某压气机转子直叶片与掠叶片的积叠轴对比

图 8.4 给出了直叶片与弯掠叶片的性能对比,从图中可知,弯掠叶片近喘点的压比高于直叶片,且效率在整条特性线上比直叶片高出 0.2 个百分点,取得了较好的效果。

叶片高速旋转后,由于离心力及叶片吸、压力面静压差的影响,使得叶片在高速旋转时产生变形,在工程实用中如直接使用该弯掠叶片可能存在一定的问题。图 8.5 给出了该弯掠转子叶片在设计转速下的周向与轴向变形,结果表明该弯掠转子叶片尖部周向变形 4.7 mm,轴向变形 5.6 mm,变形的大小与给定的弯掠初始量大小相同,方向相反,使得叶片变回类似直叶片的形状。因此在工程实用中使用弯掠叶片时,会采取以下两种措施:其一为冷热态变换,即通过迭代计算在给定热态叶型的情况下,反算出冷态叶型;其二为通过控制叶片的积叠线分布,在保证变

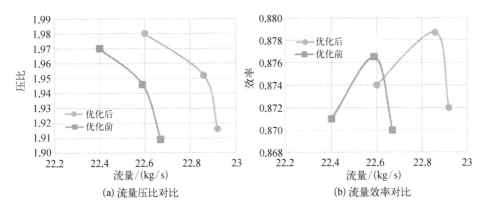

(a) 流量压比对比

(b) 流量效率对比

图 8.4 某压气机转子直叶片与掠叶片的特性线对比

形小于某一值的前提下性能最好。冷热态变换计算量不大,但是难以保证全转速特性下的叶片变形,控制叶片的变形同时保证性能较好的方法需要通过多学科优化的手段得到,计算量较大。

　　未来随着发动机压缩系统性能的不断提升,弯掠叶片会大幅应用在压气机叶片的设计中,基于强度计算与气动计算,结合多学科优化方法的方法必然成为弯掠叶片设计的趋势。

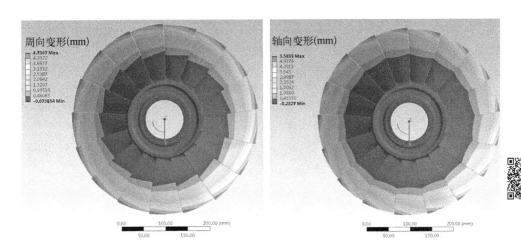

图 8.5 某压气机弯掠转子叶片的周向与轴向变形

8.1.2　基于变系数对流扩散方程的叶片设计方法

　　该方法类比传热学中求解第一类边界条件下的温度分布,在给定进、出口,根、尖四条边界后,采用时间推进法求解带有变系数的对流扩散方程,得到整个域内的厚度/角度分布。为进一步控制厚度/角度沿展向的分布规律,实际应用中求解带有变系数的对流扩散方程,将系数的值与当地流场状况合理关联,得到适合该流场特征的叶片角度/厚度分布。图 8.6 给出了不同时间步下采用该方法求出的某压气机静子的厚度分布。该方法类比传热学中给定四条边界的温度后,通过对流扩散方程求解整个域内的温度场分布,因此其所得的分布必为光滑结果,可大幅减少设计人员后期手工调整光滑的时间成本。带有变系数的对流扩散方程为

$$\alpha_i \frac{\partial^2 \boldsymbol{\Phi}}{\partial x^2} + \beta_j \frac{\partial^2 \boldsymbol{\Phi}}{\partial y^2} + \gamma_i \frac{\partial \boldsymbol{\Phi}}{\partial x} + \lambda_j \frac{\partial \boldsymbol{\Phi}}{\partial y} = 0 \qquad (8.1)$$

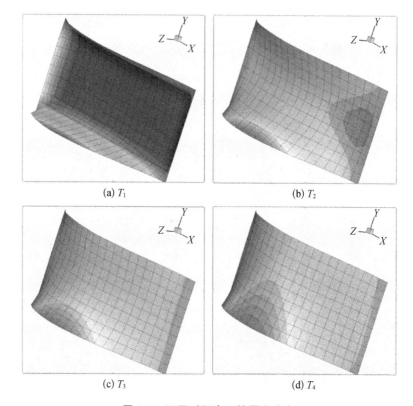

(a) T_1 (b) T_2

(c) T_3 (d) T_4

图 8.6　不同时间步下的厚度分布

采用 STAGE67 的静子厚度分布优化验证该方法。在给定进出口及上下边界的厚度后,根据原始计算所得的流场参数对计算节点的系数值进行调整,便可得到新的厚度分布。图 8.7 给出了最终的 STAGE67 静子采用变系数对流扩散生成的厚度分布。

图 8.8 给出了改进前后 STAGE67 静子的厚度分布及原厚度分布对比,由图中可以看出,改进后的叶片只改变了最大厚度位置,而其最大厚度的值没有降低,因此,此次改进并没有以损失叶片的强度为代价去换取气动性能的提升。

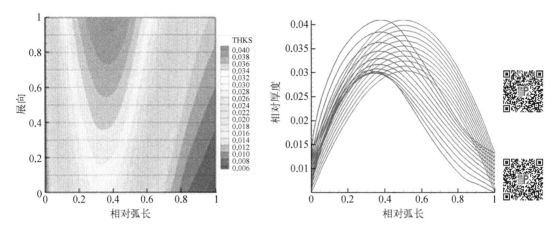

图 8.7　STAGE67 静子采用对流扩散方程生成的厚度分布

图 8.8　STAGE67 静子采用对流扩散生成的厚度分布及原厚度对比 (蓝色为优化后)

图 8.9 给出了静子采用对流扩散方程求解前后的级性能对比,从图中可以看出静子改进后,压气机堵点的流量基本不变,喘点压比提高约 1.21%,综合裕度提高 3.19%,峰值效率提高约 0.89 个百分点,采用基于变系数对流扩散方程的叶片方法对静子的优化效果显著。

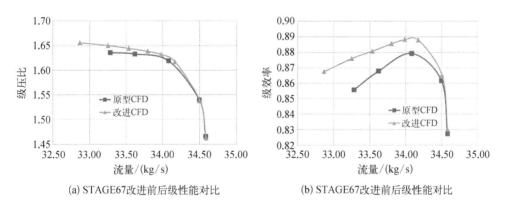

(a) STAGE67改进前后级性能对比

(b) STAGE67改进前后级性能对比

图 8.9　STAGE67 静子改进前后级性能对比

图 8.10 给出了改进前后转静子的分级特性对比,从图中可以看出,改进前后转子的效率压比特性线基本重合,而静子的总压恢复系数得到了大幅提升,喘点附近的总压恢复系数提高约 0.9 个百分点。

图 8.11 给出了近喘点附近根、中、尖(5%、50%、95%)三叶高的绝对马赫数云图分布,从图中可以看出改进后静子的尾部的分离区域大幅减小,其中以尖部最为明显。

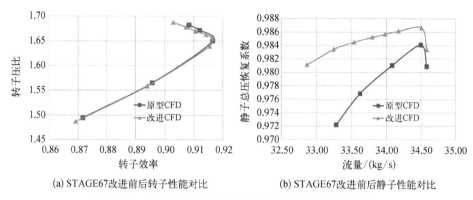

(a) STAGE67改进前后转子性能对比　　　　(b) STAGE67改进前后静子性能对比

图 8.10　STAGE67 静子改进前后转静子分级特性对比

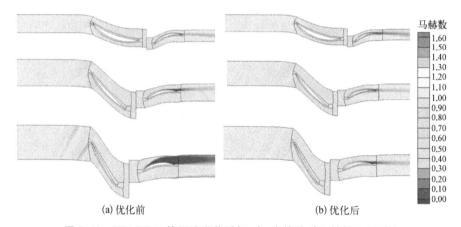

(a) 优化前　　　　　　　　　　　　(b) 优化后

图 8.11　STAGE67 静子改进前后根、中、尖的绝对马赫数云图对比

8.1.3　曲率连续前缘叶型设计技术

采用贝塞尔曲线可生成曲率连续前缘,通过三次贝塞尔曲线描述前缘型线,三次贝塞尔曲线有四个控制点,其切矢性使得前缘与叶身型线的光滑过渡易于实现,如图 8.12

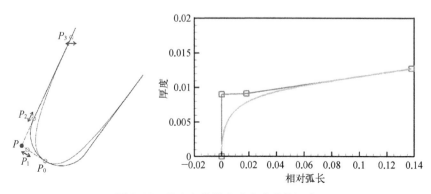

图 8.12　贝塞尔曲线方法生成前缘示意

所示,P_0 点即前缘点,其切线方向已知,P_3 点为选取的前缘与叶身的切点,P_3 点的位置确定后,其切线方向也能够从叶型原始型线得到。图 8.13 给出了不同前缘生成方式得到前缘的对比,图 8.14 给出了不同前缘生成方式的曲率分布图。

图 8.15 给出了不同前缘的计算得到的叶栅攻角特性对比,可以明显看出曲率

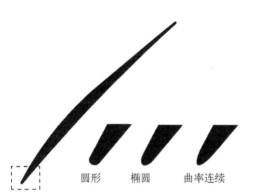

图 8.13　不同前缘生成方式得到前缘的对比

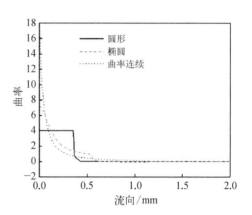

图 8.14　不同前缘生成方式的曲率分布

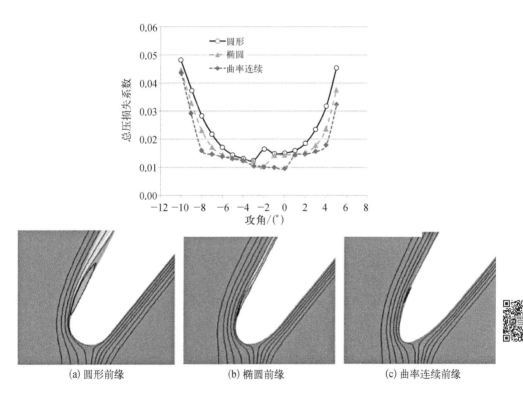

图 8.15　不同前缘的攻角特性及流场对比

连续前缘的可用攻角范围增大且最小损失低于其他两种前缘。图 8.16 给出了曲率连续前缘与圆形前缘在三维叶片中尖部截面前缘马赫数对比。明显可以看出使用曲率连续前缘后,前缘吸力峰降低。图 8.17 给出了曲率连续前缘与圆形前缘在三维叶片压比-效率特性对比,可以看出使用曲率连续前缘后,叶片的压升有所提高。

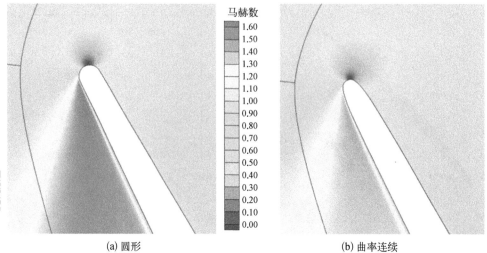

(a) 圆形   （b) 曲率连续

图 8.16　尖部截面前缘马赫数对比

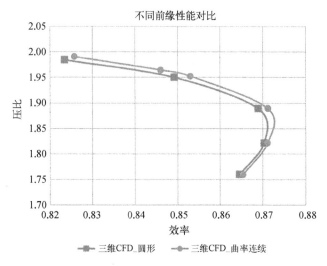

图 8.17　两种前缘的特性对比

8.1.4　先进离心叶轮设计技术

（1）串列离心叶轮。美国于 1988 年开始实施综合高性能涡轮发动机技术计划

(The Integrated High Performance Turbine Technology Program,IHPTET),在计划的第一阶段开展了串列叶轮研究如图 8.18 所示。在第二阶段,利用串列叶轮的研究成果,开展了一种新型高性能组合压气机研究,如图 8.19 所示,并取得重大进展。

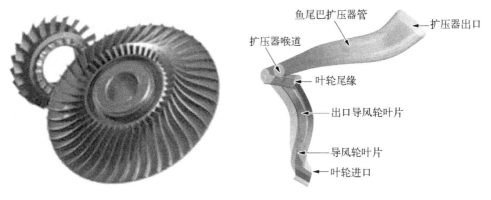

图 8.18　IHPTET 计划串列离心叶轮　　　图 8.19　串列叶轮+管扩离心级

（2）自由曲面离心叶轮。常规直纹面叶轮只通过根部和尖部两个截面叶型确定,而自由曲面离心叶轮其叶片沿展向的截面叶型可调,因此增加了叶轮叶片设计的维度,有利于提高离心叶轮的效率,如图 8.20 所示。

(a) 改型　　　　　　　　　　　　　　(b) 原型

图 8.20　自由曲面离心叶轮与常规叶轮对比

（3）复合弯掠离心叶轮。对于跨声速离心叶轮以及负荷较高的离心叶轮,采用三维特征强的复合弯掠叶轮,图 8.21 所示,可有效实现对叶片表面二次流的抑制,提高离心叶轮的性能。

（4）多重分流叶片设计技术。多重分流叶片设计技术在高负荷跨声速离心压气机中具有显著的优势,多重分流叶片(图 8.22 和图 8.23)一方面可以改善进口叶片稠密导致的堵塞,另一方面叶轮中下游叶片数较多,实现气流的有效约束,可大幅提升离心叶轮的做功能力。

图 8.21 GE‐Honda 复合弯掠离心叶轮

图 8.22 MG5 离心叶轮

图 8.23 Kawasski 离心叶轮

8.1.5 先进扩压器设计技术

1. 管式扩压器

20 世纪 60 年代发展的管式扩压器因其结构尺寸紧凑气动性能优良,得到了长足的发展,但其关键技术一直掌握被少数几个航空发动机设计公司所垄断。GE 公司、PW 公司等均有带管式扩压器的航空发动机产品,实践证明其确实具有优良的气动性能。因此,国内外学者对管式扩压开展了大量的数值以及实验研究。

管式扩压器由一系列管道构成,其进口为相邻管子相贯形成的大前掠结构,该种结构对于超跨声速气流具有良好的适应性。目前典型的管式扩压器主要有两种:混合式管式扩压器和一体式管式扩压器。一体式结构一般分为无叶扩压区、伪无叶扩压区、半无叶扩压区、喉道区、锥形扩压区、鱼尾巴扩压区(扩压器下游径向至轴向的整个区域)六个区域。而混合式管式扩压器没有鱼尾巴扩压区,图 8.24 所示给出了前五个区域。

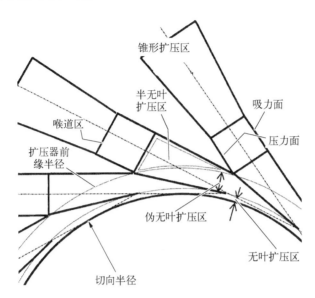

图 8.24 混合式管式扩压器几何结构示意图

混合式管式扩压器(图 8.25)通常应用于径向尺寸较为紧凑的构型中,该种扩压器可以在径向尺寸紧凑的前提下实现高效减速扩压,具有优良的气动性能,主要适用于叶轮出口绝对马赫数 0.85~0.95 且径向尺寸较为紧凑的亚声速离心级中。

图 8.25 AECC 混合式管式扩压器   图 8.26 AECC 一体式管式扩压器

一体式管式扩压器(图 8.26)由于其扩压器通道为一系列管道,超跨声速不均匀来流经过管式扩压器大前掠结构的梳理作用,然后在平直的喉道内进一步整流后,经过锥形扩压器区和鱼尾巴扩压区进一步减速扩压器,扩压通道内没有传统叶片铣削或焊接后形成的角区,气流顺畅,扩压效果良好,一体式管式扩压器更适用于叶轮出口马赫数 0.95~1.2 的超跨声速离心级中。

管式扩压器设计需要考虑的细节很多,如管式扩压器出口-喉道面积比 A_{out}/A_{throat} 和当量扩张角 θ_{eq},它们都是管式扩压器设计需要关注的参数,扩压器出口马赫数越低则 A_{out}/A_{throat} 越大,θ_{eq} 越大表明扩压器的扩张程度越厉害。通常设计中希望在较短的流道内实现高效的减速扩压,然而流道过短会导致管式扩压器 θ_{eq} 过大而产生气流分离,过长又会增加壁面摩擦损失。设计中不仅要兼顾较高的气动性能和综合裕度,还要考虑扩压器出口的速度以及气流角度等,确保进入燃烧室的气流满足要求。

2. 三维叶片式扩压器

将三维叶片式扩压器叶片前缘设计成类似管式扩压器的前掠结构,可以达到类似管式扩压器的流动控制效果;此外,通过调整扩压器进口角度和中弧线角度分布,三维扩压器可以较好适应复杂来流工况,进而提升压气机性能,如图 8.27 所示。

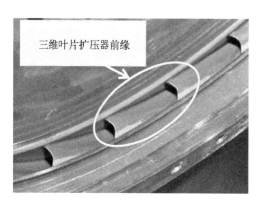

图 8.27 三维叶片式扩压器

8.2 先进结构设计技术

8.2.1 功能、性能、强度多学科智能优化设计技术

航空发动机压气机结构设计与气动、强度、振动、六性等多专业密切相关,最后的方案是多专业耦合迭代的结果。目前,压气机结构设计多以经验为参考,结合实际需求,对方案局部细节进行手工优化,并按各相关专业评估结果和需求进行迭代。这种优化方式,迭代设计轮次繁杂,效率低,人力、物力成本高,而且迭代后可优化裕度不明确。

目前结构优化技术有三个方面:① 尺寸优化(sizing optimization);② 形状优化(shape optimization);③ 拓扑优化(topology optimization)。尺寸优化通过改变结构的基本尺寸(如轮盘子午面的直线长度、角度、圆弧等)以提升结构性能。采用尺寸优化技术对盘体关键尺寸进行优化,获得尺寸更合理的结构,可以降低零部件重量。尺寸优化较为成熟,但是只能改变尺寸的大小,因此不能得到最佳的形状。形状优化由样条曲线表示结构的边界,在保持结构边界连续性不变的前提下,通过优化样条曲线控制点的坐标寻找理想的几何形状。理论上通过样条曲线可以形成任意形状的结构轮廓。拓扑优化是在一个给定的结构设计区域内,寻求满足设计约束(如应力、位移等),并使目标函数(如重量等)达到最优的材料布局,即最优结构拓扑。

拓扑优化是大数据设计在现代网络基础上的人工智能处理,是新一代信息化的关键核心技术之一。随着商用设计软件的发展,理论仿真、加工制造等方面工程经验的积累,结构设计时采用拓扑优化的思想,可以在兼顾设计过程效率和精度的基础上实现产品性能与学科约束间的协调,解决复杂产品系统中诸多学科的并行协同设计问题。

如图 8.28 所示,以轮盘拓扑优化设计为例,通过建立一套以少量控制点为设计参数,以网格变形技术实现形状改变,继承原有模型装配关系的轮盘形状优化方法。针对轻量化的结构设计要求,采用基于网格变形轮盘盘体形状优化方法,可实现宽设计空间内的高效率结构设计;针对长寿命的结构设计要求,采用基于非均匀有理样条的局部结构设计优化方法,通过较小的局部设计改进,实现构件的长寿命设计。

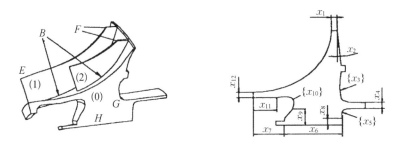

图 8.28　某叶轮拓扑优化参数选择示意图

8.2.2　基于新材料、新工艺的先进结构设计技术

压气机作为发动机的核心部件,随着发动机设计指标的提高,压气机级压比、出口温度等气动参数也相应提高,传统的铝合金、钛合金、镍基高温合金已逐渐面临使用瓶颈,需要研制具有更高比强度、耐高温能力、抗疲劳能力等优点的材料。同时,压气机零部件结构不断朝高精度、一体化等方向发展,使用的材料越来越难加工,零件形状越来越复杂,加工精度越来越高,采用传统的航空制造技术已难以满足要求。

在使用需求的牵引下,航空发动机各项新材料、新工艺逐步发展并投入使用,材料方面有高温钛合金、钛基金属间化合物、金属基复合材料等,工艺方面有增材制造、电解加工等。同时,新材料、新工艺的应用,也推动了新结构设计技术的发展。

1. 复合材料整体叶环设计技术

目前,航空发动机压气机转子一般采用轮盘和叶片、整体叶盘结构,其中整体叶盘结构因为在减少零件数、减少级间泄漏、减重等方面的优势,使用越来越广泛。但为了应对未来军用航空发动机越来越高的推重比设计要求,具有更好减重效果的整体叶环结构得到了国内外各研究机构的重视,成为热门研究课题。

为了进一步减重,在整体叶盘的基础上,将整体叶盘中的轮盘部分去掉,就成为整体叶环;由于缺少了承受负荷的轮盘,在离心力作用下,环结构子午面周向应力水平升高,整体叶环承受不了叶片的离心负荷,稳定性和可靠性就会大大降低。因此,整体叶环需要利用具有更高比强度性能的材料来加强整个结构的强度。整体叶环结构示意如图 8.29 所示。

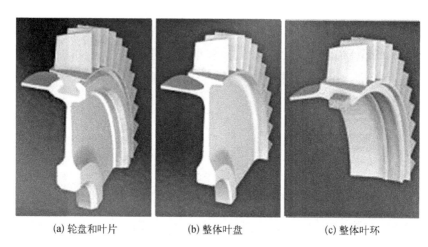

(a) 轮盘和叶片　　　　　(b) 整体叶盘　　　　　(c) 整体叶环

图 8.29　整体叶环结构示意图

碳化硅连续纤维增强钛基复合材料将基体钛合金的塑性和成形性与增强 SiC 纤维的优越承载能力和刚性结合起来,具有单一合金所没有的优良的综合性能,具有比强度高、比刚度高、良好的耐高温及抗蠕变、疲劳性能等优点,是理想的适用于高推重比中高温(600~800℃)的航空发动机用轻质耐高温结构材料。该材料的研发成功也使整体叶环结构的发展成为可能。

20 世纪 90 年代开始,美国、英国、德国、法国和日本相继开展了连续纤维增强钛基复合材料在航空发动机压气机整体叶环/叶盘上的应用研究。国内相关科研院所近些年也一直在开展这种纤维增强整体叶环结构的设计与验证。

采用连续纤维增强钛基复合材料整体叶环代替压气机盘,不仅可以扩大压气机的设计范围,而且可大幅度减轻重量,与常规轮盘和叶片结构相比,整体叶盘结构能减轻30%的重量,而连续纤维增强钛基复合材料整体叶环减重可达70%,是未来结构设计发展的方向。

2. 空心离心叶轮设计技术

国内外现有在役航空发动机的轮盘均采用实心结构,这种实心结构自从燃气涡轮发动机诞生以来一直沿用至今。对于中小型航空发动机而言,由于离心叶轮质量大、应力高,已成为当今这类航空发动机性能继续提高的主要瓶颈之一。随着航空发动机综合性能要求的提高,离心叶轮设计中强度与重量的矛盾不断加剧。

图 8.30 所示为实心、空心离心叶轮结构示意图。因为实心叶轮结构的叶盘中间部分承载相对较低,按照拓扑优化的思想,可以对结构优化设计,将离心叶轮设计成轮体空心的叶轮结构。经初步评估,这种结构形式优点如下:其一可以减轻重量、有利于提高整机功重比;其二可以降低离心载荷,从而降低叶轮应力水平,提高安全性和耐久性;其三可以改变并控制叶轮破坏模式,提高安全性;其四可以增加轴向弯曲刚度,减小叶轮出口处的轴向位移,有利于叶尖间隙设计,提高气动性能。

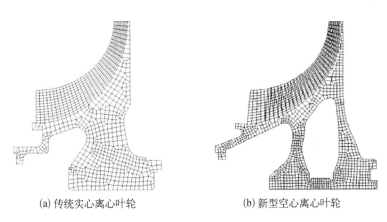

(a) 传统实心离心叶轮　　　　　　(b) 新型空心离心叶轮

图 8.30　实心、空心离心叶轮结构示意图

随着计算能力及数值仿真技术的发展,加工制造技术(增材制造等)的发展,空心离心叶轮投入使用越来越成为可能,目前国内正在开展相关研究和验证工作。

3. 双合金轮盘设计技术

目前,涡轴发动机组合压气机增压比已经发展到了较高的水平,压气机的总增压比超过 20,如 GE 公司 CT7 - 8 压气机设计增压比接近 21,GE - Honda HF120 小型涡扇发动机压气机增压比达到 24。对于组合压气机末级的离心级而言,气流经过轴流级以后,增压比、温度都达到了相当高的水平,压气机部件工作条件越来越苛刻。发动机材料的高温服役性能和自身减重等问题变得越来越突出,为进一步提高发动机结构效益,必须较大程度地改变发动机压气机盘等部件的材料或结构,以满足其在大应力梯度和大温度梯度环境下的工作需要。

组合压气机离心叶轮工作条件极其特殊,盘缘接触高温气体,工作温度较高,需要具有良好的持久、蠕变和疲劳裂纹扩展抗力;与之相反,盘心工作温度相对较低,但承受较大的离心应力,需要具有较高的屈服强度和低周疲劳性能。这就要求盘体在不同的区域具有不同的性能,以保证其在各自区域的工作需求,即盘缘可以承受高温负荷、盘心可以承受高应力。然而,目前常规的单合金叶轮受材料性能的限制已经无法满足这种苛刻的工作环境,双合金轮盘就是在这种设计思想下产生并不断发展的。双合金轮盘制造技术充分优化了压气机盘结构设计,有效地避免了通过增加盘体厚度的方式来保证材料稳定性,实现了组合压气机的减重,如图8.31所示。

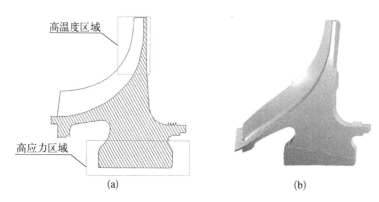

图8.31 双合金离心叶轮工作环境示意图与双合金盘模型设计示意图

双合金轮盘符合发动机压气机盘工况特点,使材料的性能潜力得以充分发挥、盘件结构效益得到优化、盘体质量得以减轻、发动机推重比得到提高。因此,使用双合金轮盘是发展高推重比发动机不可或缺的关键技术之一,但目前制造技术尚不成熟,仍需不断改进、完善和发展,如图8.32所示。

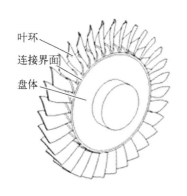

图8.32 采用焊接制造的双合金轮盘模型及实物

4. 闭式整体构件结构设计技术

高推重比发动机对发动机内的流道件和结构件有极高的要求,既要求结构强度好,又要求气动效率高,同时整体可靠性还要强。闭式整体构件可大幅度减少零件的数量、减轻发动机的重量,显著提高发动机的推重比、寿命和可靠性,在先进航空发动机中被广泛采用。但是,闭式整体构件普遍选用高温合金或高质量合金钢等难切削材料,且构件结构复杂、薄壁件多、内流道扭曲、加工可达性较差、尺寸精度和表面质量要求高,传统机械加工难以满足要求。航空发动机闭式整体构件实物示例见图 8.33。

图 8.33　航空发动机闭式整体构件实物示例

目前比较常用的整体构件制造工艺有精密铸造工艺和数控铣削技术。精密铸造工艺成品率较低,普遍只有 10%~30% 的成品率,铸造缺陷时有发生,且研制周期较长,不具备快速响应的特征(图 8.34)。数控铣削技术因具有加工精度高、表面质量好、工艺简单等优点也被广泛采用,可以实现弯扭程度小的宽流道闭式构件整体制造(图 8.35)。但由于闭式整体构件材料难切削,数控铣削时刀具磨损较严重且工件存在变形,对于某些内流道弯曲、叶片间间隙狭窄的闭式整体构件,由于刀具可达性的限制,数控铣削工艺很难甚至无法完整加工出内流道,目前多倾向于采用分体制造,然后焊接成一个整体的方法,其间由于焊接高温产生的热变形、残

图 8.34　闭式整体叶盘精密铸造实物示例　　**图 8.35　闭式整体叶轮数控铣削加工实物示例**

余应力甚至裂纹,都将严重影响其使用寿命和工作可靠性。

组合电加工技术是一种将电解加工、电火花加工和磨料流光整加工技术有机组合的加工方式。该技术充分利用三种加工工艺的特点,使闭式整体构件加工工艺既具备电火花加工技术高精度、高稳定性的技术优势,同时也具备电解加工高效率、低成本及磨料流光整加工技术的高柔性、高表面质量的技术特点。采用组合电加工技术加工的闭式整体构件,可达到如下技术指标:叶间流道尺寸精度控制在$-0.03 \sim +0.05$ mm,表面粗糙度 $Ra \leqslant 0.8$ μm;喉道尺寸精度控制在± 0.02 mm,表面粗糙度 $Ra \leqslant 0.4$ μm;在保证加工精度和加工质量的前提下,加工成本相对于数控铣削降低 30% 以上,加工效率提高 30% 以上。

组合电加工技术在加工精度、表面质量、加工效率、加工稳定性及加工成本上具有显著的优势和前景。得益于该加工技术的发展,压气机闭式整体构件结构(图8.36)在发动机上应用越来越广泛。

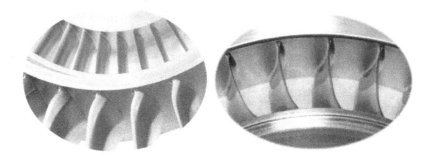

图 8.36   闭式整体构件组合电加工实物示例

5. 高精度叶片结构设计技术

航空发动机叶片的制造水平直接影响航空发动机的推力、燃油效率及使用寿命,是发动机的核心零件之一。叶片一般在高温、高压以及高转速状况下运行,要承受巨大的离心力和复杂的振动,一般采用钛合金以及镍基合金等难以加工的金属材料。为满足高性能发动机的要求,叶片必须具有精确的尺寸、准确的形状以及严格的表面完整性。

但发动机叶片的制造工作量在整台发动机加工工作量中的占比约为 1/3,即使是发动机的试制加工,叶片的生产制造仍然具有成批生产的性质。叶片的高精度要求,必然带来加工效率和成本的提升,传统的加工工艺制约了高精度叶片的设计。

现阶段,数控铣削技术因具有加工精度高、零件表面质量好、工艺简单以及互换性较强等优点,被广泛应用于发动机叶片的精加工。但因为叶片材料难切削,采用传统数控铣削时刀具磨损严重,存在断刀风险,加工成本高,加工效率低,且由于切削力的存在,加工后的叶片存在不同程度的变形。特别是在新型发动机中大量采用了超薄且扭曲程度较大的叶片,使得采用数控铣削加工此类叶片时变形和表面质量问题尤其突出,如图 8.37 所示。

精密电解加工技术不仅具有传统电解加工高效率、无工具损耗的特点,其加工精度和表面质量也显著提高。采用精密电解加工技术加工的航空发动机叶片,从方块毛坯直接进行精密电解加工可达到如下技术指标:叶片型面及进排气边可一次加工成型,加工后叶片无变形、无残余应力,叶片型面尺寸精度可达到 −0.03 ~ +0.05 mm,不锈

图 8.37 叶片数控铣削加工实物示例

钢材料的叶片表面粗糙度 $Ra \leq 0.1~\mu m$、镍基高温合金材料的叶片表面粗糙度 $Ra \leq 0.2~\mu m$、钛合金材料的叶片表面粗糙度 $Ra \leq 0.4~\mu m$。

精密电解加工技术在加工效率、表面质量、批生产成本上具有显著的综合优势,正逐步成为批量化加工压气机叶片的理想工艺(图 8.38)。随着其工艺的成熟,高精度叶片与生产成本、效率的矛盾将得以解决,高精度叶片在组合压气机上的应用将得到发展。

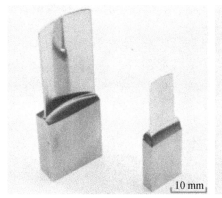

10 mm

图 8.38 叶片电解加工示意实物示例

6. 金属间化合物压气机零组件

TiAl 金属间化合物具有低密度、高弹性模量、高强度以及优异的抗氧化、抗蠕变和抗疲劳等性能优点,使用温度可达 700 ~ 1 000℃,是极具应用价值的轻质、高强、高温结构材料,已逐步应用于航空航天工业领域。随着航空发动机越来越高的推重比设计要求,以及压气机出口温度参数的提高,TiAl 金属间化合物在压气机结构上的应用也成为热门的研究方向。国内已开展 TiAl 金属间化合物压气机机匣

和静子叶片的试制和验证工作,国外从文献了解到也有将 TiAl 金属间化合物应用到压气机叶盘和叶片(美国高性能涡轮发动机技术计划 IHPTET:XTC67/1 核心机的压气机第一级整体叶盘转子和第三级静子叶片采用 TiAl 合金)。

TiAl 金属间化合物是一种典型的难加工金属材料,虽然一些构件开始在航空发动机上获得应用,但其合金材料和热加工技术的成熟度仍难令人满意,成本也居高不下,远远超出了减重带来的效益。

增材制造(additive manufacturing)是指依据数字模型,通过连续的物理层叠加,逐层增加材料的方式制造三维实体物件的技术。增材制造可实现各种难熔、高强度金属材料及复杂构件的直接成型制造。从增材制造的特点以及 TiAl 金属间化合物的材料特性和应用领域可以看出,它是非常适合 TiAl 金属间化合物的成型新技术。因此,随着 TiAl 金属间化合物、增材制造技术的发展,其在压气机结构设计中的使用将越来越广泛。

8.3　未来发展趋势

未来,组合压气机的离心级可替代更多的轴流级,组合压气机的级数可进一步降低,提高气动和结构效率,这种趋势在罗·罗公司 Model 250 系列发展中体现得极为明显,如图 8.39 所示。同时,叶轮工作温度越来越高,叶轮出口的线速度越来

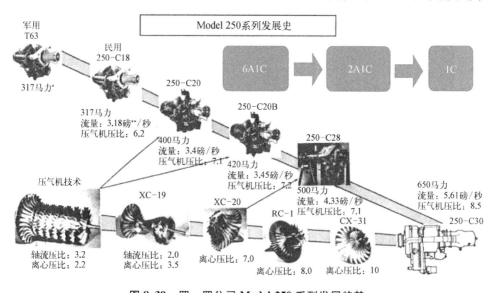

图 8.39　罗·罗公司 Model 250 系列发展趋势

＊　1 马力＝745.700 瓦。

＊＊　1 磅＝0.453 592 千克。

越高,叶轮进出口的气流速度越来越高,材料性能要求越来越高,见图8.40。

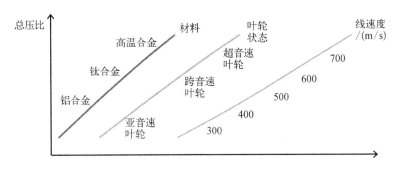

图 8.40　压气机设计技术发展趋势

　　组合压气机尤其离心压气机的发展需求已超出现有的设计边界和经验范围,对设计提出了全新的挑战,需要共同努力,从机理研究、基础技术、设计方法、设计工具、材料工艺等多方面深入开展工作,尽快提升先进技术和产品成熟度,进而全面提升组合压气机的设计水平。

　　同时,基于模型系统工程的压气机系统设计技术和数智赋能应用技术正在高速发展。物理世界、人类认知世界、数字世界、机器认知世界将构成全新的智能世界,数据将成为四个世界连接转换的枢纽。数据治理、数字孪生、数字连续、人工智能等技术将大力促进“数字世界”和“机器认知世界”中的组合压气机设计仿真技术的发展。压气机仿真技术的发展趋势如图8.41所示。

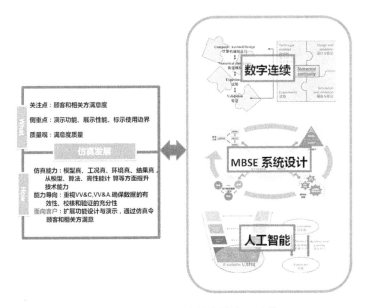

图 8.41　压气机仿真技术的发展趋势

参考文献

蔡建明, 弭光海, 高帆, 等, 2016. 航空发动机用先进高温钛合金材料技术研究与发展[J]. 材料工程, 44(8): 1-10.

陈光, 1995. 高压压气机钛着火的危害与防止措施[J]. 国际航空(1): 40-42.

陈光, 2006. 航空发动机结构设计分析[M]. 北京: 北京航空航天大学出版社.

陈光, 2014. 航空发动机结构设计分析[M]. 第2版. 北京: 北京航空航天大学出版社.

陈光, 洪杰, 马艳红, 2010. 航空燃气涡轮发动机结构[M]. 北京: 北京航空航天大学出版社.

陈静, 侯伟, 周毅博, 等, 2015. 增材制造使能的航空发动机复杂构件快速研发[J]. 工程设计学报, 26(2): 123-132.

陈凌云, 2018. 航空发动机新型可磨耗封严涂层耐热蚀性能研究[D]. 北京: 北京科技大学.

程小元, 黄明涛, 张明岐, 等, 2015. 精密电解加工在航空发动机整体结构件制造中的应用[J]. 航空制造技术, 23/24: 54-56, 60.

董伟林, 2020. 主流共轭转静盘腔流动换热及盘缘封严特性研究[D]. 南京: 南京航空航天大学.

杜建一, 李雪松, 初雷哲, 等, 2005. 100 kW离心压气机的初步选型与气动设计[C]. 宜昌: 中国航空学会第十三届叶轮机学术讨论会.

方昌德, 1987. 世界航空发动机手册[M]. 北京: 航空工业出版社.

方昌德, 2003. 航空发动机百年回顾[J]. 燃气涡轮试验与研究, 16(4): 1-5.

凤仪, 应美芳, 王成福, 1994. 纤维增强金属基复合材料及应用[J]. 材料导报, 26(6): 51-54.

高峻国, 陆峰, 郭孟秋, 等, 2012. 可磨耗封严涂层研究现状及发展趋势[J]. 热喷涂技术, 4(2): 6-11.

高双林, 查柏林, 2018. 航空发动机及其部件工作原理[M]. 北京: 北京航空航天大学出版社.

葛长闯, 曹航, 伊锋, 2013. 纤维增强整体叶环/盘强度问题分析[J]. 航空发动机, 39(4): 45-50.

宫紫剑, 2016. ZrO$_2$ 陶瓷基可磨耗封严涂层的制备与性能研究[D]. 哈尔滨: 哈尔滨工业大学.

桂辛民, 腾金芳, 刘宝杰, 等, 2014. 航空压气机气动热力学理论与应用[M]. 上海: 上海交通大学出版社.

郭亚飞, 2016. 多孔型高温可磨耗封严涂层的制备及其性能研究[D]. 天津: 中国民航大学.

韩明臣, 黄淑梅, 2001. 钛在美国军工中的应用[J]. 金属世界(5): 4-5.

何金梅, 郑榜伟, 关明强, 2015. 特种加工技术及其在我国航空发动机制造中的应用[J]. 航空制造技术, 15: 77-79, 82.

何雪涛, 程源, 黄钟, 等, 1999. 齐次坐标变换在空间机构分析中的应用[J]. 北京化工大学学报, 26(1): 41-44.

贺飞, 陈国智, 温泉, 等, 2007. 涡轴发动机叶片调节机构设计及应用[J]. 航空动力学报, 22(2): 332-336.

贺象, 2013. 轴流压气机非定常流动及气动失稳机理的数值模拟和试验研究[D]. 北京: 北京航空航天大学.

洪杰, 马艳红, 2021. 航空燃气涡轮发动机结构与设计[M]. 北京: 科学出版社.

黄方谷, 韩凤华, 1993. 工程热力学与传热学[M]. 北京: 北京航空航天大学出版社.

黄燕晓, 瞿红春, 2015. 航空发动机原理与结构[M]. 北京: 航空工业出版社.

霍武军, 孙护国, 2002. 航空发动机钛火故障及防护技术[J]. 航空科学技术(4): 31-34.

纪福森, 徐磊, 2017. 连续纤维增强钛基复合材料整体叶环设计与分析[J]. 航空发动机, 43(6): 21-25.

冀国锋, 桂辛民, 2009. 轴流/离心压气机叶片通用任意中弧造型设计方法[J]. 航空动力学报, 24(1): 150-156.

金海良, 邹学奇, 银越千, 等, 2015. 涡轴发动机组合压气机发展展望[J]. 国际航空(10): 48-52.

李成功, 1995. 金属基复合材料的研究与发展[J]. 宇航材料工艺(4): 1-5.

李根深, 陈乃兴, 强国芳, 1980. 船用燃气轮机轴流式叶轮机械气动热力学(原理设计与试验研究)[M]. 北京: 国防工业出版社.

李其汉, 王延荣, 等, 2014. 航空发动机结构强度设计问题[M]. 上海: 上海交通大学出版社.

梁春华, 2009. 连续纤维增强的金属基复合材料部件在航空涡扇发动机上的应用[J]. 航空制造技术(15): 32-35.

刘宝杰，张志博，于贤君，2013a. 轴流压气机转子叶尖泄漏堵塞特性的试验研究
　　[J]. 航空学报，34(12)：2682-2691.

刘宝杰，袁春香，于贤君，2013b. 前缘形状对可控扩散叶型性能影响[J]. 推进技
　　术，34(7)：890-897.

刘长福，邓明，2006. 航空发动机结构分析[M]. 西安：西北工业大学出版社.

刘火星，2003. 二维 NACA65 叶型前缘几何形状对气动性能的影响[J]. 工程热物
　　理学报，24(2)：232-233.

刘永泉，刘太秋，季路成，2015. 航空发动机风扇/压气机技术发展的若干问题与
　　思考[J]. 航空学报，36(8)：2563-2576.

刘振崇，2011. 高低速风洞气动与结构设计[M]. 北京：国防工业出版社.

陆山，鲁冯杰，2012. 基于 ANSYS 的整体叶片盘结构优化设计[J]. 航空动力学
　　报，27(6)：1218-1224.

吕一中，2006. 金属基复合材料的发展趋势[J]. 防灾技术高等专科学校学报，
　　8(2)：109-111.

罗尔斯·罗伊斯公司，1979. EGD-3 斯贝 MK202 发动机应力标准[Z]. 丁爱祥，
　　吴君，译. 北京：国际航空编辑部.

罗秋生，2010. 发动机高压压气机防钛火技术研究[D]. 成都：电子科技大学.

毛国伟，2014. 面向封严涂层可磨耗性评价的超高速磨耗机理及动力学研究[D].
　　天津：河北工业大学.

钱笃元，周拜豪，2000. 航空发动机设计手册：第八册[M]. 北京：航空工业出
　　版社.

石建成，刘宝杰，2008. 混合型扩压流动特点分析[J]. 推进技术，29(5)：583-
　　590.

宋寅，2013. 曲率连续的压气机叶片前缘设计方法[J]. 推进技术，34(11)：
　　1474-1481.

孙志刚，左志涛，王英杰，等，2009. 离心压气机轮盘空腔流场计算与分析[J]. 工
　　程热物理学报，30(4)：569-573.

陶文铨，2001. 数值传热学[M]. 西安：西安交通大学出版社.

童丽飞，张森，2012. 飞机挡轮结构优化设计[C]. 上海：HyperWorks 技术大会论
　　文集.

王博，严明，2012. 离心压气机管式扩压器设计与计算分析[J]. 航空动力学报，
　　27(6)：1303-1311.

王峰，肖娟，岳磊，等，2020. 精密电解加工共性关键技术及其在航空制造中的应
　　用[J]. 电加工与模具(1)：1-6.

王刚，滕佰秋，王志宏，等，2012. 航空发动机上可磨耗封严涂层的应用及需求

[J]. 热喷涂技术, 4(1): 20 – 23.

王宏亮, 2011. 高压比离心压气机优化设计与实验研究[D]. 西安: 西安交通大学.

王洪伟, 2009. 高负荷轴流压气机级的试验与数值研究[D]. 北京: 北京航空航天大学.

王琦, 单鹏, 2006. 径流及斜流压气机任意曲面叶型长短叶片的造型设计方法[J]. 航空动力学报, 21(4): 747 – 753.

王毅, 赵胜丰, 2011. 高负荷离心压气机管式扩压器特点及机理分析[J]. 航空动力学报, 26(3): 649 – 655.

王毅, 赵胜丰, 卢新根, 等, 2011. 高负荷离心压气机管式扩压器特点及机理分析[J]. 推进技术, 26(3): 649 – 655.

王志恒, 席光, 2007. 离心压气机叶片扩压器的气动优化设计[J]. 工程热物理学报, 28(3): 391 – 394.

肖敏, 刘波, 仲永兴, 2000. 轴流压气机超音叶片叶型几何设计方法的研究[J]. 航空动力学报, 15(3): 237 – 240.

杨策, 刘磊, 胡良军, 等, 2006a. 两级离心压气机设计及内部流场分析[R]. 工程热物理学会热机气动热力学 2006 年年会, 062016: 369 – 373.

杨策, 闫兆梅, 张广, 等, 2006b. 带楔形扩压器的跨声速离心压气机设计及内部流场计算[J]. 机械工程学报, 42(2): 71 – 75.

杨健, 2006. 钛合金在飞机上应用[J]. 航空制造技术(11): 41 – 43.

殷艺云, 郭海丁, 2007. 基于粒子群神经网络的轮盘优化[J]. 航空动力学报, 22(9): 1578 – 1582.

银越千, 金海良, 陈璇, 2017. 涡轴/涡桨发动机压气机流动特点与发展趋势[J]. 航空学报, 9(25): 521011 – 1~521011 – 16.

张启先, 1984. 空间机构的分析与综合上册[M]. 北京: 机械工业出版社.

张小伟, 2016. 金属增材制造技术在航空发动机领域的应用[J]. 航空动力学报, 31(1): 10 – 16.

张玉贵, 2008. 烟气轮机叶片振动的非接触式在线监测关键技术研究[D]. 天津: 天津大学.

章胜, 赵明, 陆山, 等, 2013. 基于等强度理论的轮盘优化设计方法研究[J]. 机械科学与技术, 32(9): 1322 – 1326.

赵建社, 刘辰, 吴锐, 等, 2011. 闭式整体构件组合电加工关键技术研究[J]. 机械工程学报, 47(1): 169 – 176.

赵建社, 王福元, 徐家文, 等, 2013. 整体叶轮自由曲面叶片精密电解加工工艺研究[J]. 航空学报, 34(12): 2841 – 2848.

赵建社, 徐家文, 王福元, 等, 2007. 整体构件数控电解加工数字化仿真技术[J]. 南京航空航天大学学报(3): 333-337.

赵建社, 徐家文, 云乃彰, 等, 2006. 异形型腔组合电加工数字化制造技术研究[J]. 航空学报, 27(1): 1-6.

钟兢军, 王会社, 王仲奇, 2001. 多级压气机中可控扩散叶型研究的进展与展望: 第一部分可控扩散叶型的设计与发展[J]. 航空动力学报, 16(3): 205-211.

朱如鹏, 1998. 机械原理[M]. 北京: 航空工业出版社.

祝启鹏, 2014. 基于流线曲率法的组合压气机正、反问题研究[D]. 西安: 西北工业大学.

邹芹, 关勇, 李艳国, 等, 2020. TiAl 合金及其复合材料的研究进展与发展趋势[J]. 燕山大学学报, 44(2): 95-107.

邹望之, 郑新前, 2019. 航空涡轴发动机发展趋势[J]. 航空动力学报, 34(12): 2577-2588.

Ameri A, Steinthorsson E, Rigby D L, 1998. Effect of squealer tip on rotor heat transfer and efficiency[J]. ASME Journal of Turbomachinery, 120 (4): 753-759.

Azad G S, Han J, Bunker R S, et al., 2002. Effect of squealer geometry arrangement on a gas turbine blade tip heat transfer[J]. Journal of Heat Transfer, 124(3): 452-459.

Baghdadi S, 1996. Modeling tip clearance effects in multistage axial compressors[J]. ASME Journal of Turbomachinery, 118(4): 697-705.

Batchelor G K, 1951. Note on a class of solutions of the Navier-Stokes equations representing steady rotationnally-symmetric flow [J]. Quarterly Journal of Mechanics & Applied Mathematics, 14(1): 29-41.

Casey M. A new streamline curvature throughflow method for radial turbomachinery[J]. ASME, GT2008-50187.

Cousins W T, Dalton K K, Andersen T T, et al., 1994. Pressure and temperature distortion testing of a two-stage centrifugal compressor[J]. Journal of Engineering for Gas Turbines and Power, Transactions of the ASME, 116(3): 567-573.

Cumpsty N A, 1989. Compressor Aerodynamics[M]. Cambridge: University of Cambridge.

Cumpsty N A, 1999. Compressor Aerodynamics[M]. London: Longman.

Daily J W, Nece R E, 1960. Chamber dimension effects on induced flow and frictional resistance of enclosed rotating disks[J]. Journal of Basic Engineering, 82(1): 217-228.

Denton J D, 1978. Throughflow calculations for transoinc axial flow turbines [J].

Transactions of the ASME, 100: 212 – 218.

Denton J D, Xu L P, 2002. The effects of lean and sweep on transonic fan performance [J]. ASME Paper, GT – 2002 – 30327.

Freeman C, 1985. Tip clearance effects in axial turbomachines [R]. von Karman Institute Lecture Series – 05.

Gllimore S J, 1986. Spanwise mixing in multistage axial flow compressor – Part II: throughflow calculations including mixing [J]. Transactions of the ASME, 108: 10 – 16.

Grabowska D G, 1993. Incorporating radial mixing in axisymmetric streamline curvature through-flow anslysis [R]. Iowa State University.

Han S B, Zhong J J, 2016. Effect of blade tip winglet on the performance of a highly loaded transonic compressor rotor [J]. Chinese Journal of Aeronautics, 29 (3): 653 – 661.

Hooker J A, Doorbar P J, 2000. Metal matrix composite for aeroengines [J]. Materials and Technology, 16(7 – 8): 725 – 731.

Howard M A, Gllimore S J, 1993. Viscous throughflow modeling for multistage compressor design [J]. Transactions of the ASME, 115: 296 – 304.

Karman T V, 1921. Uber laminare und turbulente reibung [J]. Journal of Applied Mathematics and Mechanics / Zeitschrift fur Angewandte Mathematik und Mechanik, 11(4): 233 – 252.

Kenny D P, 1970. Supersonic radial diffusers [R]. AGARD Lecture Ser, n39.

Novak R A, 1967. Streamline curvature computing procedures for fluid-flow problems [J]. ASME, Journal of Engineering for Power, 89(4): 478 – 490.

Owen J M, 2009a. Prediction of ingestion through turbine rim seals – Part 2: externally-induced and combined ingress [R]. ASME Paper 2009 – GT – 59122.

Owen J M, 2009b. Prediction of ingestion through turbine rim seals – Part 1: rotationally- induced ingress [R]. ASME Paper 2009 – GT – 59121.

Palmer D L, Waterman W F, 1995. Design and development of an advanced two – stage centrifugal compressor [J]. Journal of Turbomachinery, Transactions of the ASME, 117(2): 205 – 212.

Pelle J, Harmand S, 2009. Heat transfer study in a rotor-stator system air-gap with an axial inflow [J]. Applied Thermal Engineering, 29(8): 1532 – 1543.

Phadke U P, Owen J M, 1988a. Aerodynamic aspects of the sealing of gas-turbine rotor-stator systems: Part 2: the performance of simple seals in a quasi-axisymmetric external flow [J]. International Journal of Heat and Fluid Flow, 9

(2): 106 – 112.

Phadke U P, Owen J M, 1988b. Aerodynamic aspects of the sealing of gas-turbine rotor-stator systems: Part 3: the effect of non-axisymmetric external flow on seal performance[J]. International Journal of Heat and Fluid Flow, 9(2): 113 – 117.

Phadke U P, Owen J M, 1988c. Aerodynamic aspects of the sealing of gas-turbine rotor-stator systems: Part 1: The behavior of simple shrouded rotating-disk in a quiescent environment[J]. International Journal of Heat and Fluid Flow, 9(2): 98 – 105.

Smith J L H, 1966. The radial-equilibrium equation of turbomachinery[J]. ASME Journal of Engineering for Power, 88(1): 1 – 12.

Smith J L H, 1958. The effect of tip clearance on the peak pressure rise of axial – flow fans and compressors[R]. ASME Symposium on Stall.

Stewartson K, 1953. On the flow between two rotating coaxial disks[J]. Mathematical Proceedings of the Cambridge Philosophical Society, 49(2): 333 – 341.

Wisler D C, 1985. Aerodynamic effects of tip clearance, shrouds, leakage flow, casing treatment and trenching in compressor design[R]. von Karman Institute Lecture Series – 05.

Yi W L, Ji L C, Tian Y, et al., 2010. An aerodynamic design and numerical investigation of transonic centrifugal compressor stage [J]. Journal of Thermal Science, 20(3): 211 – 217.

Zhang Z B, Yu X J. Liu B J, 2013. Characteristics of the tip leakage vortex in a low-speed axial compressor with different rotor tip gaps[R]. ASME GT2012 – 69148: 311 – 322.